Breitband-Perspektiven

Springer-Verlag Berlin Heidelberg GmbH

Jörg Eberspächer · Hans-Peter Quadt

Herausgeber

Breitband-Perspektiven

Schneller Zugang zu innovativen Anwendungen

Mit 137 Abbildungen und 7 Tabellen

Springer

Professor Dr. Jörg Eberspächer
Technische Universität München
Lehrstuhl für Kommunikationsnetze
Arcisstraße 21
80290 München
eberspächer@ei.tum.de

Dr. Hans-Peter Quadt
Deutsche Telekom AG
ZB Innovationsmanagement
Friedrich-Ebert-Allee 140
53113 Bonn

ISBN 978-3-540-22104-3   ISBN 978-3-642-17126-0 (eBook)
DOI 10.1007/978-3-642-17126-0

Bibliografische Information Der Deutschen Bibliothek
Die Deutsche Bibliothek verzeichnet diese Publikation in der Deutschen Nationalbibliogra-
fie; detaillierte bibliografische Daten sind im Internet über <http://dnb.ddb.de> abrufbar.

springer.de

© Springer-Verlag Berlin Heidelberg 2004
Ursprünglich erschienen bei Springer-Verlag Berlin Heidelberg New York 2004

Umschlaggestaltung: Erich Kirchner, Heidelberg

SPIN 11011897   42/3130-5 4 3 2 1 0 – Gedruckt auf säurefreiem Papier

Vorwort

National wie international rückt das Thema „Breitband" verstärkt in den Fokus. Weltweit hat man sich zum Ziel gesetzt, breitbandige, schnelle Zugänge zum Internet in den nächsten Jahren flächendeckend zur Verfügung zu stellen. Der Ausbau der Telekommunikationsnetze zu einer breitbandigen Infrastruktur ist daher in vollem Gange. Die Digital Subscriber Line (DSL-) Techniken erlauben es heute bereits, auf herkömmlichen Telefonleitungen – je nach Technologiestufe – bis zu mehreren Mbit/s zu übertragen. Sie sind heute in vielen Ländern, darunter auch Deutschland, das Rückgrat des schnellen Internetzugangs. Andererseits werden die breitbandigen TV-Kabel zunehmend nicht nur für digitale Fernsehverteilung, sondern auch für die schnelle Datenübertragung genutzt. Und nicht zuletzt bieten verschiedene drahtlose Zugangstechniken ergänzende Lösungen und Alternativen für die mobilen Teilnehmer. Digitale Verteilsysteme wie DAB und DVB werden – im Downlink – zur Übertragung von Inhalten und Daten genutzt; bei den Zellularsystemen der Dritten Generation ebenso wie bei den Wireless LANs stehen die Non-voice-Dienste im Vordergrund.

Die früher oft gestellte Frage: Wie nutzen wir denn eigentlich die Riesenbandbreite? stellt sich heute ganz anders. Eine Fülle von Möglichkeiten tut sich auf – im geschäftlichen wie im privaten Bereich, z.B. der Unterhaltung. Interaktivität ist dabei das Schlüsselwort: Spiele übers Netz, Video-on-Demand, Videoconferencing, File Sharing, Telekooperation und viele mehr.

Die Frage ist daher eher: Wie rechnet sich Breitband? Wie sehen die Geschäftsmodelle aus? Wer finanziert den Ausbau der Infrastruktur? Wie machen das andere Länder? Was bezahlt der Kunde? Die Fragen sind vor allem deshalb so brennend, weil das Internet ja bisher als ein nahezu kostenloses Medium angesehen wurde.

In diesem Prozess des raschen Wandels hat die Fachkonferenz „Breitband-Perspektiven – Schneller Zugang zu Innovativen Anwendungen" des MÜNCHNER KREISES, die in diesem Buch dokumentiert ist, eine kritische Bestandsaufnahme der weltweiten Anstrengungen auf dem Gebiet der breitbandigen Netzinfrastrukturen und der vielversprechendsten Anwendungen durchgeführt. Unterstützt von hochrangigen Experten aus dem In- und Ausland wurden die aktuellen Entwicklungen im Netz- und Dienstebereich präsentiert, die Zukunftsaussichten analysiert und zur Diskussion gestellt.

Das Programm der Konferenz wurde im Forschungsausschuss des MÜNCHNER KREISES erarbeitet. Das vorliegende Buch enthält die Vorträge und die durchgesehene Mitschrift der Podiumsdiskussion. Allen Referenten und Diskussionsleitern sowie allen, die zum Gelingen der Tagung und zur Erstellung des Buches beigetragen haben, gilt unser herzlicher Dank!

Prof. Dr. Jörg Eberspächer   Dr. Hans Peter Quadt

Inhalt / Contents

1 Die Breitband-Evolution

1.1 Breitbandkommunikation im Spannungsfeld von Technik und Ökonomie

Jörg Eberspächer
Technische Universität München

Erinnern wir uns 30 Jahre zurück: Da schwärmten die einen, zumeist Ingenieure, vom zukünftigen „Universalnetz Breitband-ISDN (BISDN)", das jedem Teilnehmer Mega-Bitraten und ungeahnte neue Kommunikationsmöglichkeiten bieten werde – technologisch sei das bald möglich – man müsse es eben nur wollen und bauen. Andere wiederum waren total skeptisch und meinten, die „Bandbreiten-Euphorie" sei unsinnig; der Mensch könne ohnehin nur wenige Bit pro Sekunde aufnehmen und überhaupt: ISDN sei ja noch kaum flächendeckend vorhanden.

Heute lächeln wir darüber, andererseits beobachten wir aber durchaus ähnliche Diskussionen und Argumentationen. Zwar stehen uns heute in den weltweiten Glasfasernetzen Transportraten von Giga- und bald Terabit pro Sekunde zur Verfügung, zwar gehört in vielen Ländern – nicht zuletzt in Deutschland – der DSL-Anschluss oder das schnelle Kabelmodem bald zur Standardausrüstung in jedem Privathaus, und „DSL" bedeutet in Japan und Korea schon längst deutlich höhere Bitraten als in Deutschland. Sogar drahtlos stehen uns mit WLAN und Systemen der Dritten Generation erheblich größere Bitraten zur Verfügung als je zuvor. Auch gibt es im Unterschied zu früher jetzt eine Fülle von „bandbreitehungrigen" Anwendungen, von grafikintensiven Webzugriffen über MP3-Downloads und File Sharing bis zu Internet-Videos und natürlich IP-Telefonie.

Doch jetzt meldet sich die warnende, die skeptische Seite wieder zu Wort. Es wird gefragt: „Jetzt haben wir überall große Bandbreiten zur Verfügung – wie können wir sie denn auch nutzen?" Dahinter steht aber nicht nur die Befürchtung, die breitbandigen Infrastrukturen im Zugang und im Backbone (wo es weltweit tatsächlich erhebliche ungenutzte Kapazitäten gibt) würden auf längere Zeit nur unzureichend genutzt oder sogar brach liegen. Die nach wie vor starke Zunahme der im Internet transportierten Datenvolumina lässt vermuten, dass diese großen Kapazitäten durchaus benötigt werden. Im Vordergrund stehen vielmehr ökonomische Fragen: Wie rechnen sich die Breitband-Infrastrukturen? Gibt es Dienste und Anwendungen, für die der Kunde auch (freiwillig) bezahlen will? Wie sehen die Geschäftsmodelle aus? Wer finanziert den weiteren Ausbau der Infrastruktur? Wie machen das andere Länder?

Diese Fragen sind nicht zuletzt deshalb so brennend, weil das Internet ja bisher als ein nahezu kostenloses Medium angesehen wurde, sich aber andererseits z.B. im Bereich der Mobilkommunikation durchaus erfolgreich auch andere Geschäftsmodelle etabliert haben. Und je mehr sich attraktive Anwendungen verbreiten – man denke besonders an die heute schon den Internetverkehr dominierenden Content-Sharing-Overlay-Netze nach dem Peer-to-Peer Prinzip oder an den erneuten Versuch, Video-on-Demand zum Erfolg zu verhelfen – um so wichtiger werden gute und praktikable Antworten auf die oben gestellten Fragen.

Dabei ist eines unbestritten: Die Bedeutung einer leistungsfähigen breitbandigen Netz- und Dienstinfrastruktur für die Zukunft von Wirtschaft und Gesellschaft kann nicht hoch genug eingeschätzt werden. Schnelle Netze mit großem Dienstereichtum werden von breiten Nutzergruppen gefordert und sie werden die Kommunikationszukunft prägen. *Broadband* ist daher nicht nur ein ökonomischer Faktor ersten Ranges, es wird auch die soziokulturellen Entwicklungen ganz wesentlich beeinflussen.

1.2 Breitband für Jedermann

Hans Albert Aukes
Deutsche Telekom AG, Bonn

Lassen Sie mich „Breitband für Jedermann" aus der Perspektive eines Service-Providers, eines Unternehmens, das auf die Bedürfnisse der Kunden abhebt, beleuchten. Das eine ist das Thema „Breitband" und das zweite ist das Thema „Jedermann". Aus der Perspektive einer Deutschen Telekom enthält das Angebot „Breitband für Jedermann" sowohl das technisch Machbare als auch das ökonomisch Sinnvolle, das, was der Kunde im Massenmarkt, also „Jedermann", wirklich nachfragt.

Wie ist die Entwicklung zur Breitbandigkeit abgelaufen? In den 80er Jahren wurden mit Akustikkopplern 1,2 kbit/s über Telefonnetze übertragen (Bild 1). Heute reden wir bei T-DSL über 2,3 Mbit/s. Die Kurve zeigt, dass auch hier das Moore'sche Gesetz gilt, so dass sich etwa alle 18 Monate die Bandbreite verdoppelt. Das Bild zeigt die Entwicklung bei den Zugangstechnologien. Parallel dazu, natürlich auf höherem Niveau, haben sich die Backbonenetze mit einer fast unbegrenzten Leistungsfähigkeit entwickelt.

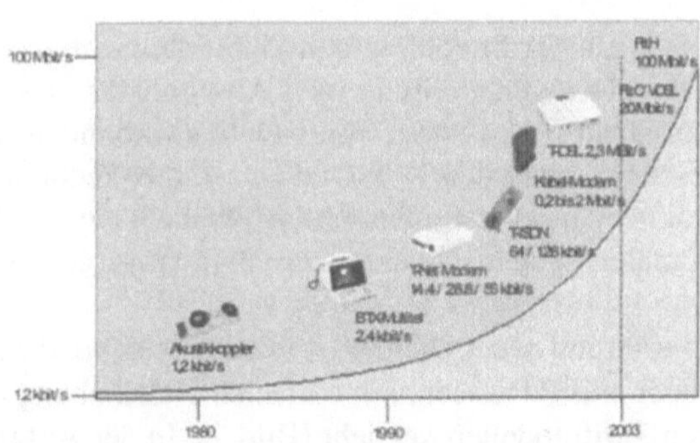

Bild 1

Wichtig ist, dass man heute im Access, dem Bereich in dem der Kunde den Zugang zu den Kommunikationsnetzen erhält, diese Bandbreiten zur Verfügung stellen kann und zwar zum einen bequem nutzbar und zum anderen zu vernünftigen Preisen.

Lassen Sie mich auf das Thema T-DSL eingehen, weil das die Technologie ist, die heute mit dem Synonym Breitbandigkeit verbunden wird. Natürlich sehen wir in anderen Ländern andere Entwicklungen, z.B. Kabelmodems einer ähnlichen Leistungsbandbreite von 200 kbit/s bis 2 Mbit/s. Die Technik zu T-DSL ist schon seit 7–8 Jahren verfügbar. Sie war auch damals schon leistungsfähig, aber nicht bezahlbar, und damit nicht massenmarktfähig. Diejenigen von Ihnen, die den Markt in den Jahren 1999, 2000 verfolgt haben, wissen, dass im Vordergrund Diskussionen standen, für das Internet und zwar für den Massenmarktkunden einen immer schnelleren Zugang zu schaffen – und das zu einem monatlichen Pauschalpreis, der sogenannten Flatrate. Die T-DSL-Technik ist gut geeignet, um für die Internetnutzung eine Flatrate oder Always-on-Technologie anzubieten. Sie geht an den Vermittlungs-einrichtungen des Telefonnetzes vorbei direkt auf das IP-Backbone. Das IP-Netz wird dabei nur belegt, wenn tatsächlich Daten übertragen werden.

Die Technik damals war gut, aber die Prozesse stimmten noch nicht. Für einen Massenmarkt muss die Technologie von jedem normalen Kunden der Deutschen Telekom Plug & Play nutzbar sein, und ein Tarifmodell haben, dass für jedermann bezahlbar ist. Wir haben die Prozesse innerhalb eines dreiviertel Jahres so gestaltet, dass wir mit dem Relaunch des Produktes im Jahre 2000 tatsächlich 95 % unserer Massenmarktkunden befähigt haben, ihren DSL-Anschluss selbst zu installieren. Das war der erfolgskritische Faktor.

Wir haben darüber hinaus ein Tarifmodell in den Markt gebracht, das zumindest in der Anfangszeit zu sehr günstigen Preisen einen Anschub für diese Technologie gebracht hat. Wir haben es mit einer Flatrate von T-Online verbunden, und wir haben sogenannte Bündel geschnürt zwischen T-DSL und der ISDN-Technologie. Das war in Deutschland ein Punkt von besonderer Bedeutung, weil wir diesen Markt mit über 20 Millionen ISDN-Kanälen in Deutschland natürlich nicht vergessen durften.

Für die erfolgreiche Einführung neuer Dienste ist es entscheidend, dass man die verfügbare Technologie auch mit Prozessen, mit einfacher Handhabung und mit innovativen, marktgängigen Tarifmodellen versieht (Bild 2). In der Anfangszeit haben wir innerhalb von wenigen Monaten zwei Millionen Anschlüsse in den Markt gebracht und stehen heute bei über 4 Millionen T-DSL-Anschlüssen. Wenn man in den asiatischen Markt schaut, liegen die Penetrationsraten – in Deutschland haben wir 9 % der Haushalte erreicht – in Japan, Korea, Taiwan zwischen 15 und 30 %. Dort gibt es allerdings ein anderes Regulierungsumfeld. Dort findet man auch teilweise für diese Dienste eine andere Zahlungsbereitschaft, und eine andere Position des Staates, der neue Technologien stärker fördert als das in Deutschland der Fall ist. Insofern haben wir auf der Zeitachse etwas an Geschwindigkeit verloren. Ich erin-

Bild 2

nere daran, dass wir bei bestimmten Produkten auch auf Druck der Regulierungsbehörde (ohne dass ich kritisieren will) den Preis für bestimmte DSL-Produkte gegenüber dem Einführungspreis im Jahre 2000 um das Vierfache erhöht haben. Da ist klar, dass damit das Wachstum in einem Markt deutlich abgebremst wird.

Heute bieten wir bis zu 2,3 Mbit/s an, sowohl asymmetrisch als symmetrisch, je nach der betrachteten Kundenklientel. Wir erwarten aber, dass wir innerhalb der nächsten drei Jahre bis zu 5 Mbit/s nahezu flächendeckend anbieten können (Versorgungsgrad 90 % der Bevölkerung). Für den Rest bieten sich andere Lösungen wie DSL über Satellit oder auch sog. Wireless MANs an.

Sie gestatten mir bitte, dass ich einen Blick auf das Thema „Jedermann" werfe (Bild 3). Brauchen wir Bandbreiten von 1 Gbit/s eigentlich? Und zu welchem Preis? Was ist der Kunde bereit, dafür zu zahlen? Wenn man sich die heute diskutierten Breitbandanwendungen anschaut, stellt man fest, dass die Bitraten, die erforderlich sind zur Übertragung von Fotos, Bildern, Video on Demand bis zu 1–1,5 Mbit/s betragen. Wenn Sie dann unterstellen, dass sich der Nutzer drei oder vier Anwendungen heraussucht, die er parallel machen will, werden Sie immer noch nicht auf 5 Mbit/s kommen. Ich würde dies als Zielmarke setzen und sagen, dass wir das in zwei, drei Jahren sicherlich mit T-DSL liefern können. T-DSL ist eine Technik, die für den Massenmarkt der Zukunft gut gerüstet ist.

Breitband für Jedermann

Kundenbedürfnisse – 5 Mbit/s ermöglichen die meisten Anwendungen.

Anwendungen	Mbit/s
Bilder, Fotoalbum	1
Video on Demand	1,5
Sprache	0,05
Audio	0,25
Gaming	1
E-Learning	max. 1
User generated content	1
WWW	0,5
Messaging	0,5

Anforderungen

- Ausrechende **Bandbreite** für bequeme Nutzung
- **Always on** und schneller Verbindungsaufbau
- **Mobilität** – zumindest in den eigenen 4 Wänden
- Einfache **Bedienbarkeit**
- **Sicherheit** in punkto Zugriff und Nutzung
- **Parallelität** von Anwendungen
- **Bezahlbarkeit**

··· **T**·· Deutsche Telekom

Bild 3

Der Kunde möchte eine einfache Bedienbarkeit. Das steht noch vor dem Preis. Was nicht einfach zu bedienen ist, das nimmt der Kunde nicht an. Er will nicht dauernd seinen Rechner ein- und ausschalten, wenn er im Netz arbeitet. Er möchte ein sog. Always-On, und wenn er das erste Mal einschaltet, will er das auf einen Klick, also Single-Sign-On, einen einfachen Verbindungsaufbau. Er möchte aber heute Mobilität, zumindest Mobilität im engeren Umfeld auch für Daten haben.

Daneben braucht er Sicherheit bei seinen Anwendungen. Das wird heute im Markt der breitbandigen Internetzugänge noch vernachlässigt.

Schauen wir auf die ökonomischen Rahmenbedingungen, Breitbandigkeit für jedermann zu bieten (Bild 4). Die verfügbaren Budgets – die Zahlen in Bild 4 sind die Budgets, die 2002 in Westeuropa ausgegeben wurden (ohne Hardware) – liegen bei rund 190 bis 200 Milliarden Euro, die für Kommunikationsdienste und Content ausgegeben werden. Wichtig ist, dass diese Budgets trotz Internet relativ stabil sind. Sie wachsen nur langsam. Die Zahlungsbereitschaft unserer Kunden, im Massenmarkt mehr Geld für diese beiden Themen, Kommunikation und Content, auszugeben, ist begrenzt. Sie können nicht einfach andere Kundenbudgets „anzapfen", Bewegung kommt in diese Zahlen nur durch Verschiebung innerhalb der Budgets. Schon seit Jahren beobachten wir ein Ansteigen der Budgets für elektronische zuungunsten klassischer Medien: Papierdienste wie Zeitungen und klassische Briefe werden durch elektronische Dienste substituiert.

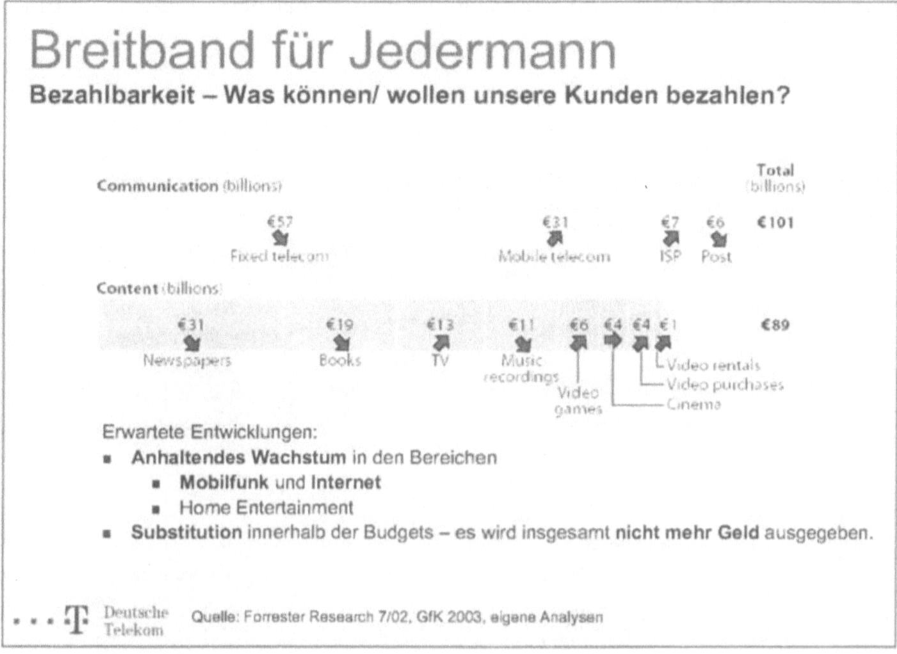

Bild 4

Das ist die entscheidende Frage in „Breitband für Jedermann": Wenn ich analysiere, was der Kunde denkt, komme ich schnell zu dem Ergebnis: Nicht Bandbreite, sondern Anwendungen, und zwar möglichst Anwendungen, die ein Wachstum verzeichnen, bestimmen den Markt.

Nachdem ich diese Randbedingungen, unter denen wir über Breitbandigkeit für jedermann, für den Massenmarkt reden, erläutert habe, will ich noch einmal kurz auf die Technologien eingehen, die wir im Markt sehen und einen Ausblick geben. Wir sind gerüstet für völlig neue Dienste, völlig neue Bandbreiten, indem wir das heutige T-DSL symmetrisch oder asymmetrisch aufbauen auf ein sog. VDSL mit höherer Geschwindigkeit, wo wir dem einzelnen Haushalt bis zu 20 Mbit/s bringen können. Aber hierzu müssten wir mit heutiger Technologie in die Infrastruktur eingreifen. Wir müssen große Teile des Kupfernetzes bis zum sog. Kabelverzweiger durch Glasfaser ersetzen. Wenn man auf solche Technologien mit höherer Bandbreite, mit höherer Leistungsfähigkeit geht, sind hohe Investitionen in die Infrastruktur erforderlich und Investitionen verlangen eine Refinanzierung. Das Ganze wird noch klarer, wenn man Fibre-to-the-Home anbieten will. Da kann ich theoretisch bis zu 400 Gbit/s anbieten. Das ist aber im Massenmarkt unbezahlbar.

Sicherlich gibt es Diskussionen um die Glasfaser, heute dem Kunden eine Ethernet-Schnittstelle bis 100 Mbit/s bereit zu stellen. Aber auch das erfordert Investitionen in die Infrastruktur (Bild 5). Investitionen, die man refinanzieren muss durch Einnahmen beim Kunden.

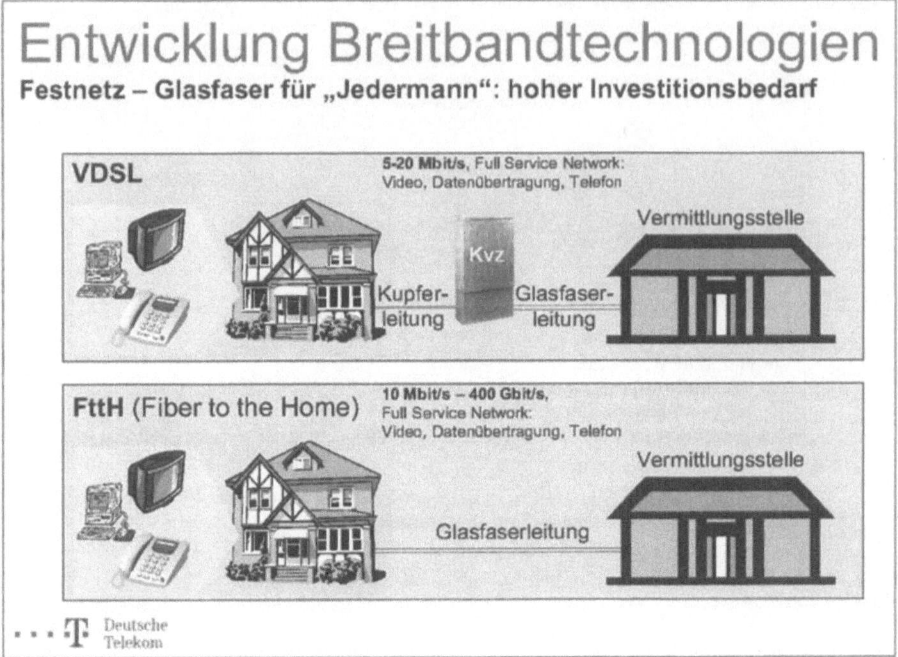

Bild 5

Die heutigen Netze, mit entsprechender Infrastruktur im Access-Bereich zusätzlich ausgestattet, haben eine nahezu unbegrenzte Bandbreite. Wenn es erforderlich sein sollte, sind wir in der Lage, Breitbandanschlüsse zum Nutzer zu bringen; ggf. sogar ohne Glasfaser, wenn man in die Richtung Wireless Technologien schaut. Sie benötigen nicht so hohe Vorlaufzeiten/-kosten wie das Eingraben von Glasfasertechnologien.

Wir kennen für den Inhouse-Bereich, für Hotspots, die sog. W-LAN-Technologien, normiert unter dem Standard IEEE 802.11a, 11b, 11g (Bild 6). Diese W-LANs sind heute in vielen Haushalten, in denen man das Internet intensiv nutzt im Einsatz. Im Garten zu sitzen oder in jedem Raum des Hauses mit hoher Bandbreite über W-LAN und T-DSL im Netz surfen zu können zeigt schon in die Richtung, die unsere Kunden von uns fordern: bequem, schnell und beweglich, nicht ortsgebunden, also mobil, die Anwendungen nutzen zu können.

In den Hotspots wird das Ganze schon etwas komplizierter. Natürlich kann man W-LAN in einer Flughafen-Lounge oder in einem Restaurant aufbauen. Aber schon stellt sich für den Nutzer die Frage, wie er ins Netz kommt und wie er bezahlt. Die sog. AAA-Funktionen (Authentifikation, Authorisation, Accounting) müssen verfügbar und leicht bedienbar sein.

Dies ist ein Beispiel dafür, dass eine Technik vorhanden ist, aber die Prozesse ebenfalls bestehen müssen. T-Mobil ist einer der größten Hotspot-Provider weltweit. Im amerikanischen Markt, in den Starbug-Cafés, sind fast alle Cafés mit einem W-LAN-Hotspot ausgestattet. Die durchschnittliche Nutzung – die Daten wurden vor ein paar Monaten erhoben – lag bei einmal pro Tag, weil die Prozesse zu komplex waren.

Neben dieser W-LAN-Technologie, die man im Haus und in Hotspots sehr gut einsetzen kann, betrachten wir die sog. Wi-MAX-Technologie standardisiert unter IEEE 802.16, um höhere Bandbreite durch drathlose Access-Technologien anzubieten. In Europa sind zwei lizenzierte und zwei unlizenzierte Frequenzbereiche hierfür vorgesehen.

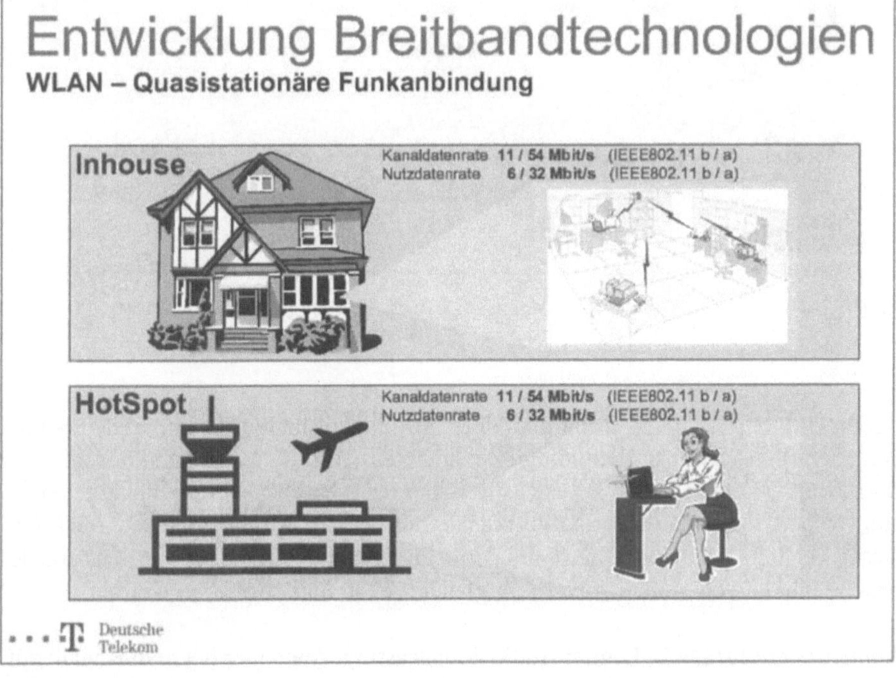

Bild 6

Daneben sehen wir natürlich die mobilen, zellularen Dienste (Bild 7). Die Diskussion um UMTS kennen Sie alle. Hier steht ein Mobilfunksystem für jedermann zur Verfügung und zwar bei einer quasistationären Nutzung bis 384 kbit/s und bei mobiler Übertragung und hoher Geschwindigkeit im Auto mit Seamless-Hand-Over

zwischen den einzelnen Zellen, mit bis zu 144 kbit/s. Entscheidend für die Frage:
„Breiband für Jedermann" wird hier der Preis sein.

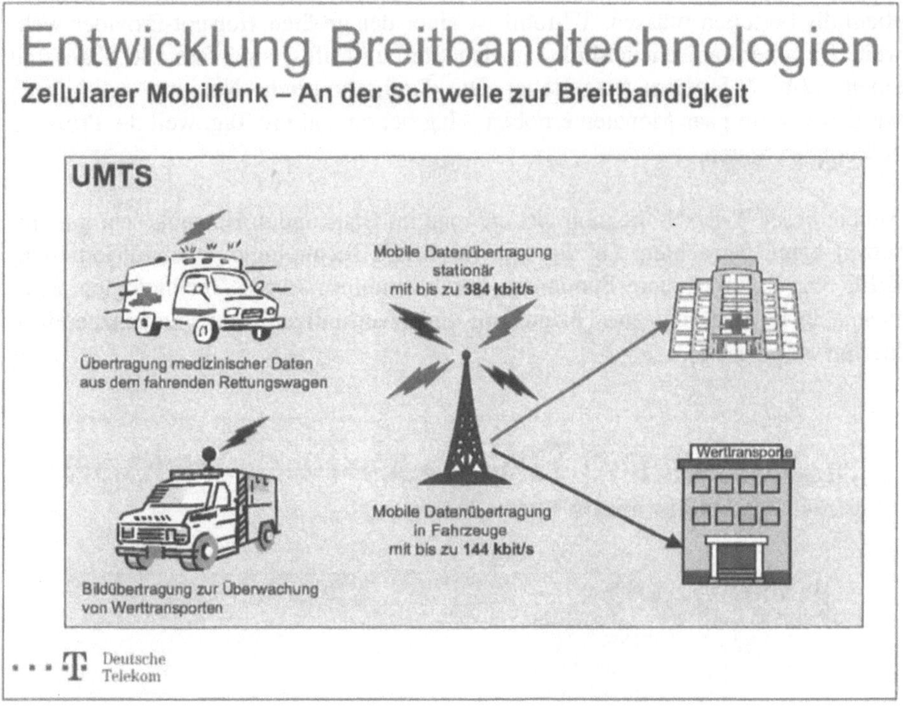

Bild 7

Neben UMTS muss man, wenn man über „Breitband für Jedermann" redet, natürlich auch die Broadcast Technologien betrachten (Bild 8). Wo Verteildienste über
DVB-T, also Digital Video Broadcasting über terrestrische Versorgung, zur Verfügung stehen, kann man Informationskanäle mit bis zu 1 Mbit/s anbieten. Auch mit
dieser Technik kann ein Dienst für den Massenmarkt aufgebaut werden, sobald
gleiche Inhalte von vielen Nutzern im gleichen Zeitraum abgerufen werden.

Ähnliches gilt für DAB, Digital Audio Broadcasting. Auch hier hat man Kanäle mit
einer Bandbreite bis zu 150 kbit/s zur Verfügung. Sehr interessant ist dies z.B. für
Telematik Services im Auto, also z.B. intelligentes Trafficmanagement.

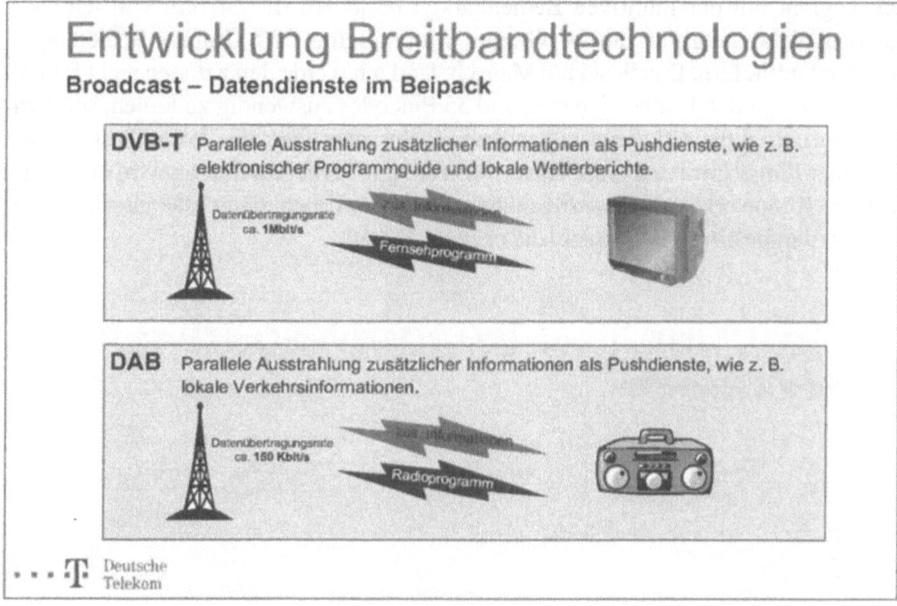

Bild 8

Ein Dienstleistungsunternehmen, wie die Deutsche Telekom, mit Partnern im Markt wird sich fokussieren, konzentrieren auf Dinge, die man braucht, um aus einem technischen Produkt ein Massenmarktprodukt zu machen (Bild 9).

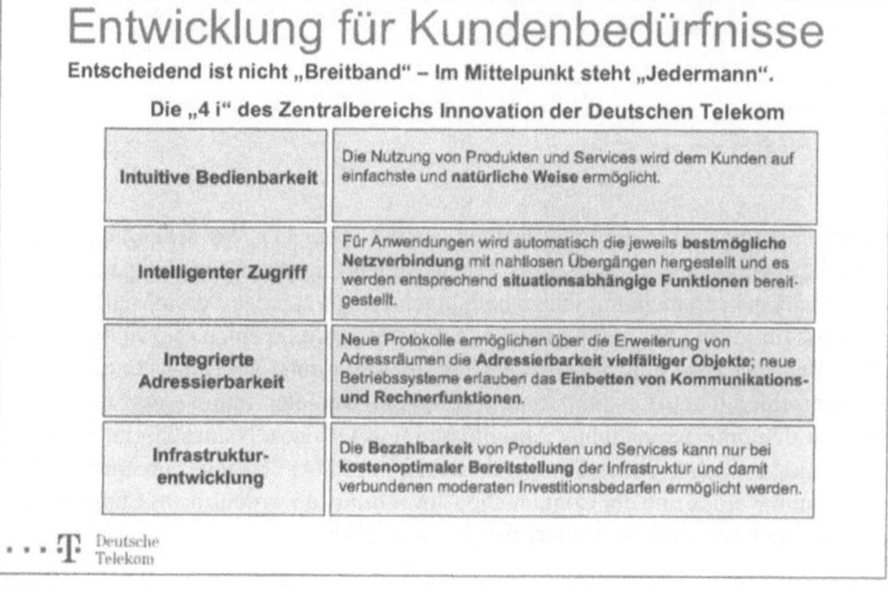

Bild 9

Das beginnt mit der intuitiven Bedienbarkeit (Bild 10). In Zukunft will ich dem Kunden nicht mehr für ein 80 Gramm Mobiltelefon 300 Gramm Bedienungsanleitung mitliefern. Das liest kein Mensch. Und ich werde den Kunden nicht bitten, 20 Simcards in der Tasche zu haben und 35 Pincodes auswendig zu lernen, sondern ihn natürlich authentifizieren anhand seiner Sprache über ein Voice-Trust-Center oder über Fingerprint und Ähnliches. Wenn er sein Gerät einschaltet, wird er bereits als mein Kunde erkannt, eindeutig authentifiziert und auch damit klar autorisiert für die Nutzung bestimmter Dienste, die er gebucht hat.

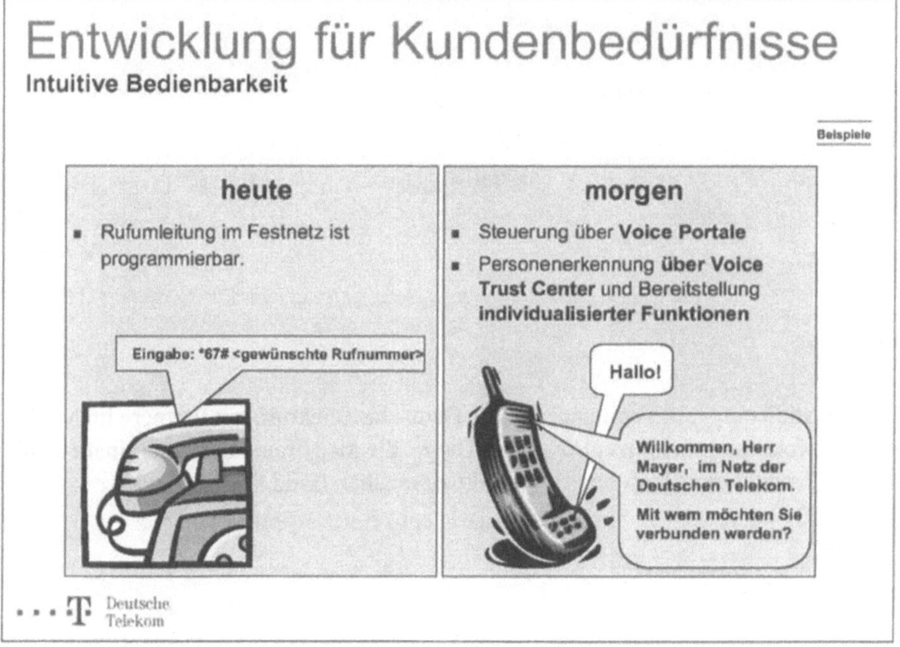

Bild 10

Daneben benötige ich einen intelligenten Zugriff (Bild 11). Wir sehen heute, dass bestimmte Netze, bestimmte Access-Technologien für bestimmte Endgeräte adaptiert sind. Man kann nicht mit jedem beliebigen Endgerät jeden Service nutzen, sondern muss für jeden Dienst ein spezielles Endgerät und/oder einen speziellen Access haben. Benötigt wird ein Multi Access Service Providing, also eine Plattform, die die unterschiedlichen Content- und Applikationsanbieter intelligent zusammenbringt zu den unterschiedlichen Anschlüssen und Devices. Natürlich gibt es einen Unterschied zwischen einem Fernseher und einem PDA. Das muss im Netz intelligent erkannt werden und der Content, die Anwendungen werden an das Endgerät des Kunden angepasst, und zwar ohne, dass er das merkt.

Bild 11

Künftig können sich Systeme mit eigenen, festen Adressen miteinander vermaschen und unterstützen die Bildung von ad hoc-Netzwerken, weil sich die Geräte gegenseitig erkennen und adressieren (Bild 12). So bilden sich viel flexiblere Strukturen, die uns unsichtbar, allgegenwärtig und situationsabhängig unterstützen (Pervasive Computing)

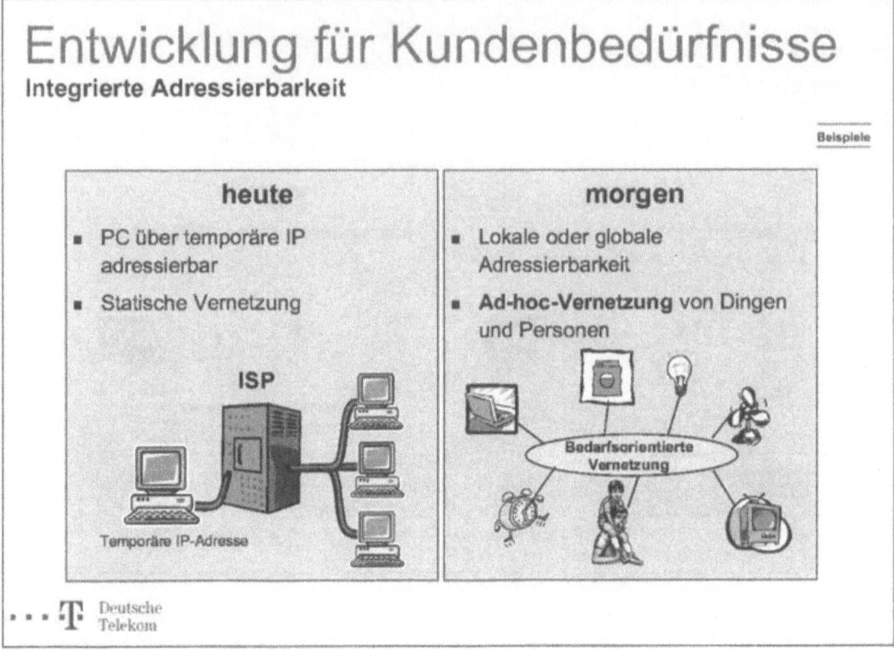

Bild 12

Für mich entscheidend ist, wenn ich das „Breitband für Jedermann" betrachte, das Wort „Jedermann". Man muss die Frage stellen: Was muss ich tun, damit es wirklich jedermann nutzen kann und zwar bequem. Da ist neben dem Preis gleich das Thema der Bedienbarkeit (Bild 13). Das ist das Entscheidende, das hinter allem steckt und worum wir uns bemühen müssen.

Breitband für Jedermann
Resumee.

- **DSL** hat sich als breitbandige Übertragungstechnik für den Massenmarkt etabliert – und bietet **Zukunftsfähigkeit für eine Vielzahl von Anwendungen**

- **Vier neue Breitbandtechnologien** sind derzeit in der Entwicklung

    - VDSL, WLAN, UMTS und DVB-T

- Innovative **Herausforderung** ist nicht immer höheren Bandbreite sondern sind **Dienste mit verständlichem Mehrwert** für Jedermann, d. h. mit folgenden Eigenschaften

    - **Intuitive Bedienbarkeit**, welche die vorhandene Komplexität vom Kunden fern hält

    - **Intelligenter Zugriff** mit variablen Zugangstechniken und Diensteadaption an Endgeräte

    - **Integrierte Adressierbarkeit** für eine umfassende Vernetzung von Dingen und Menschen

T Deutsche Telekom

Bild 13

1.3 Breitband für Mobile Nutzer

Prof. Dr. Gert Siegle
Bosch Management Support GmbH, Leonberg

Für den mobilen Teilnehmer, der zu Fuß, im Auto, im Zug oder im Flugzeug unterwegs ist, gibt es schon heute eine Vielzahl von Übertragungsdiensten. Bild 1 zeigt dies schematisch durch die Pfeile. Welche davon sollen es denn aber nun bevorzugt sein? Die Vielzahl kann u.U. auch verwirren. Lassen Sie mich daher eine Gliederung versuchen: Dabei sind zwei Punkte besonders wichtig:
– Frequenzen sind nicht beliebig vermehrbar.
– Wie lassen sich die einzelnen Dienste wirtschaftlich gestalten?

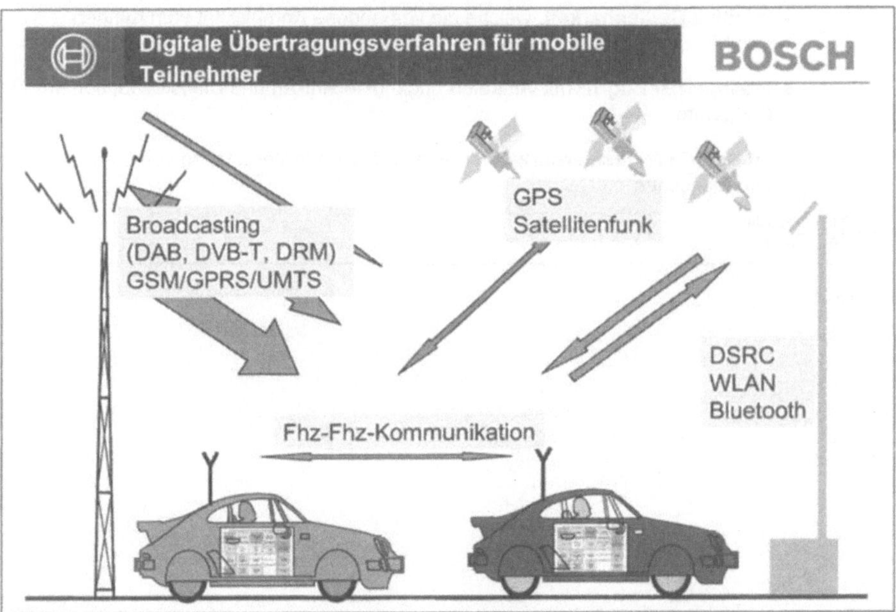

Bild 1 Digitale Übertragungsverfahren zum und zwischen mobilen Teilnehmern

In diesem Zusammenhang erscheinen mir ein paar ganz einfache Sachverhalte erwähnenswert, die in den Diskussionen und Entscheidungen der Vergangenheit gelegentlich wohl nur wenig beachtet wurden.

1. Der mobile Teilnehmer kann natürlich nur drahtlos erreicht werden.

2. Hohe Datenraten erfordern auch hohe Bandbreiten. Im Mittelwellenbereich zwischen 0,5 und 1,5 MHz kann man eben keine Datenraten von 10 Mbit/s übertragen. Und: Je höher die Datenraten, desto höher die benötigte Frequenz. Und je

höher die Frequenz, desto schlechter die Ausbreitungsbedingungen und desto kleiner die Funkzellen. Ein flächendeckender Dienst für z.B. 10 Mbit/s ist daher nicht leicht zu realisieren.

3. Die Reichweiten und insbesondere auch die bodennahe Versorgung von Fahrzeugen werden mit wachsender Frequenz immer schwieriger und aufwendiger. 2 GHz ist deutlich aufwendiger flächendeckend zu verteilen als etwa 200 MHz.

4. Hinzu kommen bei terrestrischen Ausbreitung ungeeignet modulierter Verfahren störende Laufzeitunterschiede und Interferenzen bei Mehrwegeempfang. Auch hier gibt es leider Beispiele für Probleme bei neu einzuführenden Diensten, die hätten vermieden werden können bei Beachtung funktechnischen Know-hows und praxisgerechter Auslegung.

Bild 2 zeigt die derzeit verbreitetsten symmetrischen Übertragungsverfahren, die also für Hin- und Rückweg mit gleichen Bandbreiten ausgestattet sind.

Die wichtigsten drahtlosen Breitbandverfahren BOSCH

Zweiweg

point to point

	Frequenz	Datenrate
GSM-GPRS	*0,9 GHz*	*< 0,2 Mbit/s*
	1,8 GHz	*< 0,2 Mbit/s*
DECT-GAP	*1,9 GHz*	*< 0,5 Mbit/s*
DMAP/DPRS	*1,9 GHz*	*> 0,5 - 2 Mbit/s*
UMTS	*2 GHz*	*< 2Mbit/s*
WLAN	2,4 GHz	> 2 Mbit/s
Bluetooth	2,4 GHz	< 0,5 Mbit/s
DSRC	5,8 GHz	0,2 Mbit/s
Infrarot	$>10^5$ GHz	bis >> 1 Mbit/s

Reichweite in allen Fällen - abhängig von Sendeleistung und Antennenhöhe: 30 m bis 5 km, *kursiv: geschützte Frequenzen*

Bild 2 Symmetrische Zweiweg-Übertragungsverfahren

Versteht man unter breitbandig mehr als 100 kbit/s, gibt es also einige Verfahren, die geeignet erscheinen. Kursiv dargestellt sind Dienste mit geschützten Frequenzbereichen, die also durch Dritte nicht ungestraft gestört werden.

Da die bodennahe Versorgung umso besser gelingt, je langwelliger die genutzte Frequenz ist, sind die internationalen Festlegungen von besonderer Bedeutung:

Bei begrenztem Frequenzraum ist daher eine künftige Frequenzzuteilung wichtig und zu beachten, also eine künftig möglicher Weise gegenüber heute geänderter Frequenznutzungsplan. Dazu gehört etwa die Überlegung der World Radio Conference, ob nicht der Frequenzbereich von 806 bis 860 MHz besser dem Mobilfunk zuzuschlagen wäre, um mehr Mobilfunkdienste mit guter Flächendeckung und guter bodennaher Versorgung zu ermöglichen. Schon beim Aufbau des E-Netzes (GSM) zeigte sich ja, dass eine flächenhafte Versorgung bei 1800 MHz nur mit mehr Sendern erreicht werden kann als bei 900 MHz. Vielleicht trifft die nächste Frequenzverwaltungskonferenz (wahrscheinlich 2005–2007) Entscheidungen, die gerade die Belange der mobilen Nutzer besser berücksichtigen.

Nach dem Gesagten sind für eine gute Versorgung niedrige Frequenzen anzustreben, die aber wiederum nur beschränkte Datenraten erlauben – Faustformel aus dem Abtasttheorem: 2 bit/s erreichbar pro Hz Frequenzbandbreite. Der Wert variiert je nach Art der Modulation und des eingesetzten Fehlerschutzes.

Also sollte nicht eine möglichst hohe, sondern nur die für den jeweiligen Dienste unbedingt nötige Datenrate angestrebt werden. Damit wird man sofort zu den Verfahren der Datenkompression geführt.

Unkomprimiert benötigen digitalisierte Signale typisch 10 mal höhere Bandbreiten als analoge: Eine Audio CD liefert 1,4 Mbit/s für 2 analoge Tonkanäle von 20 kHz Bandbreite, das Studio-Fernsehen arbeitet bei bis zu 200 Mbit/s, während die Basisbandbreite des analogen Signals nur 5 MHz erfordert!

Niedrige Datenraten senken auch den Stromverbrauchs der Endgeräte – ein wichtiges Argument gerade bei mobilem Batteriebetrieb.

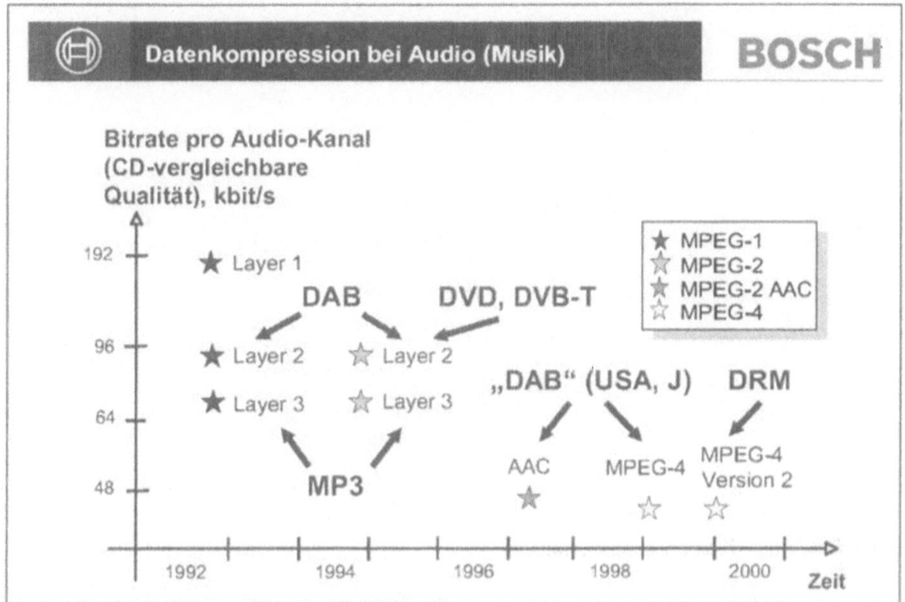

Bild 3 Datenkompression für Audio (Musik)

Bild 3 zeigt, dass man bei der Datenkompression von Musik inzwischen für eine CD-vergleichbare Tonqualität bei unter 48 kbit/s pro Monokanal angekommen ist. Für Sprachqualität reicht bei Mobiltelefonen (GSM) bekanntlich sogar nur 9,6 kbit/s.

Bei DigitalRadio (DAB), das einmal das FM-UKW ablösen soll, arbeitet man mit bis zu 2*92 kbit/s, bei Digital Radio Mondial (DRM) als Ablösung des amplidutenmodulierten Mittelwellen-Rundfunks mit etwa 24 kbit/s – im letzteren Fall allerdings nur Mono.

Noch stärker als beim Hörrundfunk kann man Videodatenraten reduzieren (Bild 4): Seit Februar 2003 hat man mit dem auf MPEG-4 basierenden Standard (MPEG-4 Layer 10 – wobei Layer 10 für die Version H264 steht) eine Fernsehqualität deutlich besser als PAL mit einer Datenrate von nur 1–1,5 Mbit/s erreicht und international standardisiert!

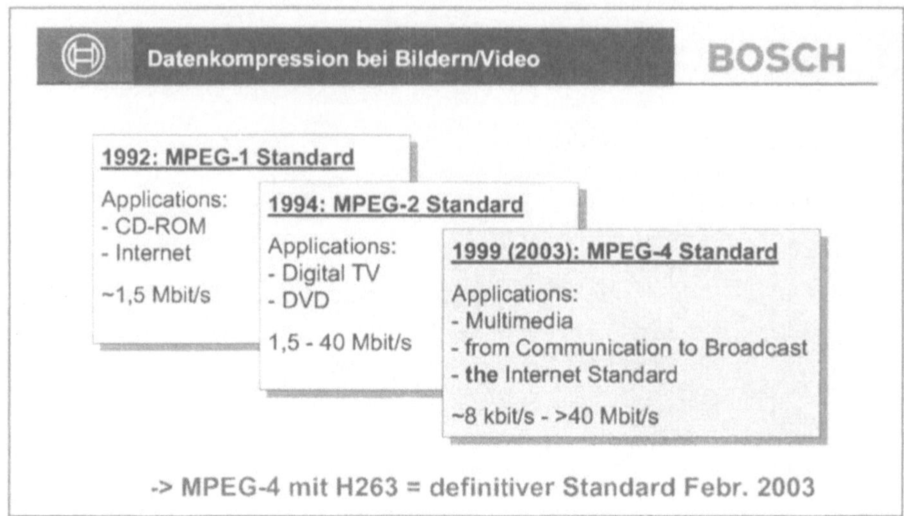

Bild 4 Die Video-Kompressionsverfahren

Damit hat man die Voraussetzungen, mit möglichst niedrigen Datenraten eine optimale Nutzung terrestrischer Frequenzen zu erreichen – pro Programm bei Ton also etwa 96 kbit/s, bei Fernsehen mit einer Qualität besser PAL rund 1 Mbit/s.

In den eingeführten bzw. vollends einzuführenden Verfahren DigitalRadio (DAB) und DVB (Digital Video Broadcasting mit den 3 Verfahren DVB-S, DVB-C, DVB-T für die Übertragungsstandards für Satellit, Kabel und Terrestrik) hat man sich mit MPEG-2 jeweils etwas früh festgelegt und höhere Datenraten standardisiert als heute mit MPEG-4 erforderlich:

Dies ist bei DigitalRadio (typisch 128–192 kbit/s pro Programm) zwar unschön, aber in etwa noch zu vertreten, da bei höherer Kompression mehr Redundanzbits zum Fehlerschutz als im heutigen DAB-Standard vorgesehen hinzugefügt werden müssten, um eine vergleichbar sichere Übertragung zu bekommen. So wäre die Bruttodatenrate bei Übertragung von MP3 praktisch gleich zu wählen wie beim heutigen DAB, erst bei AAC und MPEG-4 wären kleine Vorteile zu erreichen. Man hat sich also entschieden, erst bei DRM das weiterführende Kompressionsverfahren AAC einzuführen.

Unschöner ist es auch bei DVB-T: Bei Satellitenübertragung wird z.Z. mit 4–6 Mbit/s in MPEG-2 übertragen, terrestrisch mit ca. 3 Mbit/s. Im neuen Standard MPEG-4 reichte die halbe Datenrate aus. Obwohl dieses Ziel der Entwicklung längst bekannt war – schließlich läuft die entsprechende Entwicklung seit Mitte der 90er Jahre –, hat man sich entschieden, die doppelte Datenrate bei zu behalten – also auch einen Faktor 2 zuviel Frequenzplatz zu beanspruchen für eine gegebene Zahl von Pro-grammen.

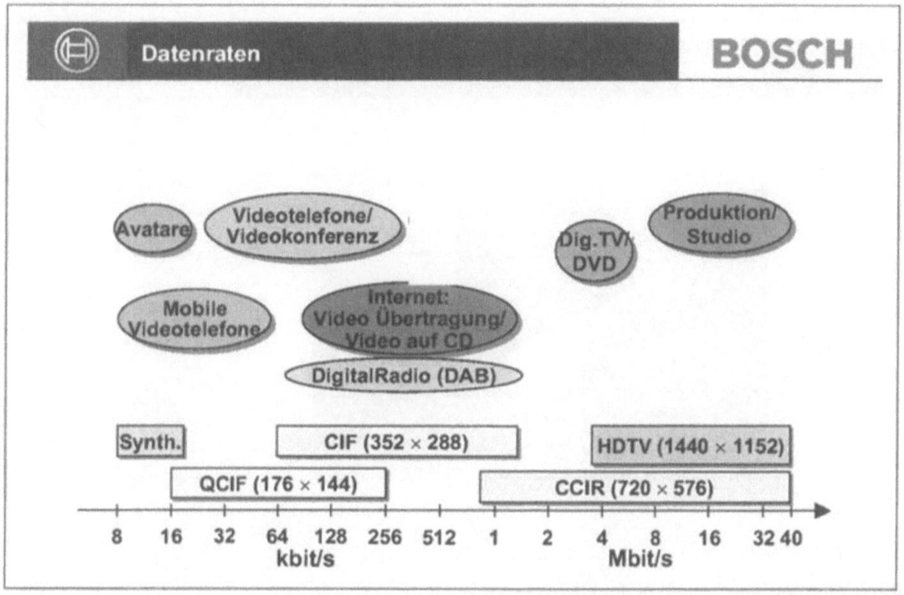

Bild 5 Angewandte Datenraten bei verschiedenen Auflösungsanforderungen je nach Kompressionsverfahren DMB (= Digital Multimedia Broadcasting) steht für universelle Übertragung auch von Video über DAB, hier eingezeichnet der Bereich für Videoübertragung.

Bild 5 zeigt, dass somit nur ganz wenige der bekannten breitbandigen Zweiweg-Übertragungsverfahren genügend Datenrate für eine breitbandige oder Videoübertragung bieten!

Für den mobilen Empfang ergibt sich darüber hinaus, dass keines der genannten Verfahren geeignet ist, sowohl eine Flächendeckung als auch einen sicheren Empfang bei höheren Geschwindigkeiten (etwa im ICE oder in Kraftfahrzeugen) zu gewährleisten (Bild 6): Alle Zweiwegverfahren sind hierfür nicht ausgelegt und zeigen einen raschen Abfall der möglichen Datenraten mit wachsender Geschwindigkeit. In besonderem Maße gilt dies etwa für UMTS.

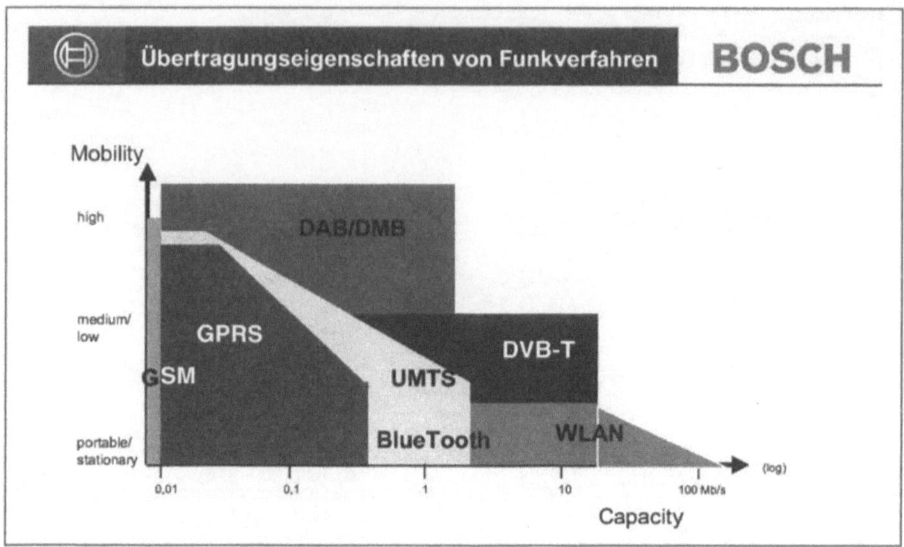

Bild 6 Qualitativer Vergleich der Übertragungssicherheit von Funkverfahren bei verschiedenen Geschwindigkeiten der Empfangsgeräte

Man sieht jedoch, dass die digitalen Rundfunkverfahren hier deutlich besser sind und insbesondere DigitalRadio (DAB) den sichersten Empfang bei hohen Geschwindigkeiten bietet.

Die verfügbaren Datenraten zeigt Bild 7. Nachdem für Fernsehen/Video künftig nur noch ca. 1 Mbit/s erforderlich sind, erlauben alle genannten Rundfunkverfahren bis auf DRM die Übertagung aller möglichen Inhalte – Video, Sprache, Musik, Daten, Standbild – wie bei Internet auch üblich.

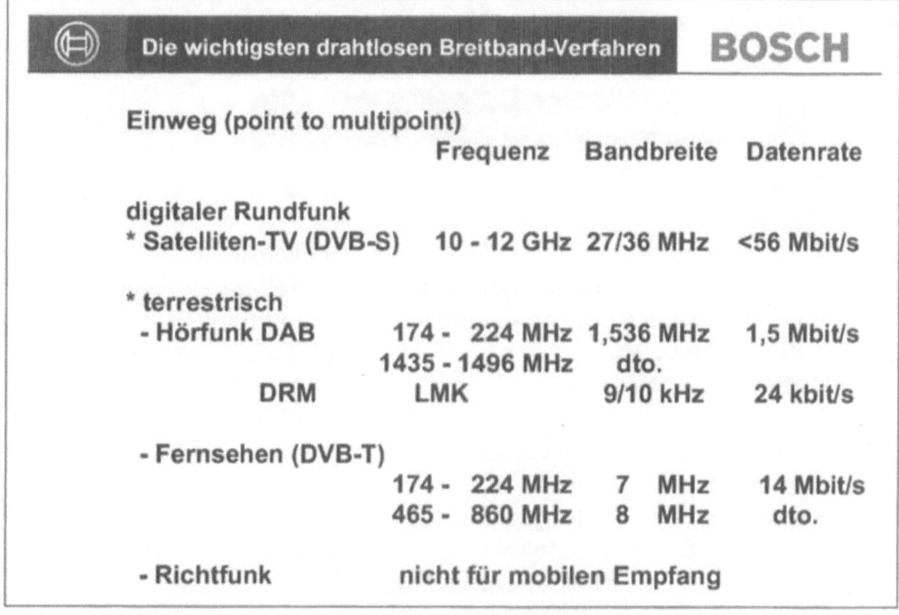

Bild 7 Bandbreiten bekannter digitaler Rundfunkverfahren

Die Eignung terrestrischer Verfahren für mobilen Empfang entscheidet sich bei ihrer Unempfindlichkeit gegenüber Einflüssen bei Mehrwegeempfang (Interferenzen, Intersymbolstörungen bei Überlappung von Datenpaketen).

Hilfreich sind zwar Antennendiversity und Fehlerschutz, den größten Erfolg aber hatte die Einführung des COFDM-Modulationsverfahrens (= „Coded Orthogonal Division Multiplex"), das bei geeigneter Auslegung die in Bild 6 gezeigten Eigenschaften etwa für DigitalRadio (DAB) zeigt.

Von besonderer Wichtigkeit sind dabei
• hinreichend große Schutzintervalle zwischen den Datenpaketen
• hinreichend große Trägerabstände zur Unempfindlichkeit gegen Dopplerverschiebungen,
• hinreichend guter Fehlerschutz – Faltungscodes, Zeit- und Frequenzinterleaving.

Diese Eigenschaften bestimmen dann auch die Möglichkeiten der flächenhaften Versorgung – insbesondere der Möglichkeit für die Versorgung großer Gebiete mit mehreren Sendern gleicher Frequenz (SFN = Single Frequncy Network) und damit einer möglichst optimalen Nutzung der verfügbaren Frequenzen.

Bild 8 zeigt hierzu den Vergleich der beiden terrestrischen Rundfunkverfahren DVB-T und DigitalRadio (DAB) an Hand einiger Vergleichszahlen. Bild 9 zeigt die

Einführung von DVB-T in Norddeutschland, die inselweise erfolgte, da u.a. die endgültigen Frequenzen zur flächenhaften Versorgung noch nicht festliegen.

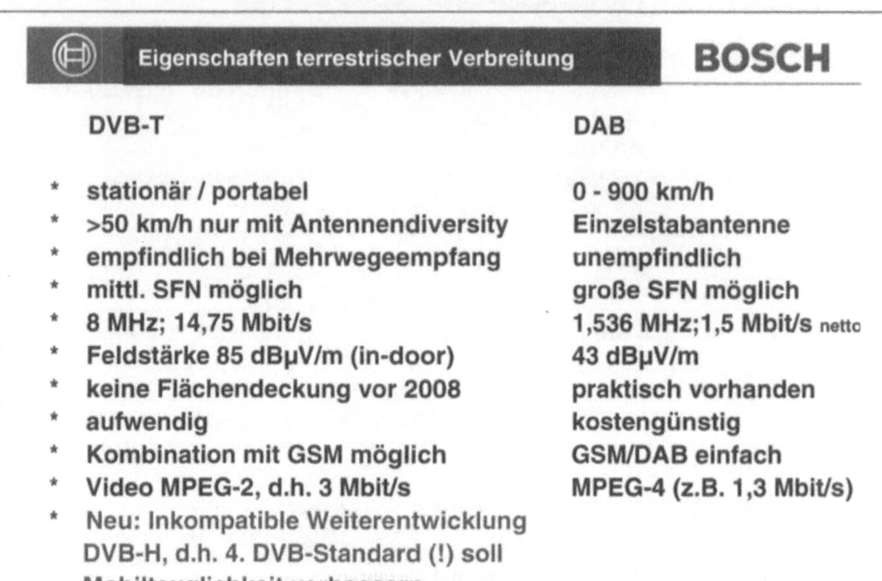

Bild 8 Vergleich DVB-T und DigitalRadio (DAB)

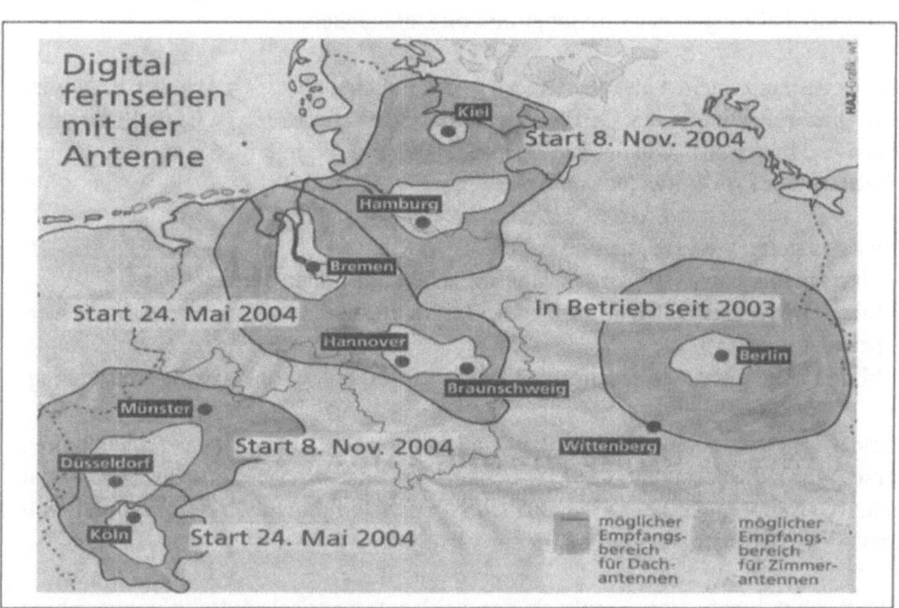

Bild 9 Inselweise Einführung DVB-T in Norddeutschland.

Bei DigitalRadio (DAB) sind 2 „Bedeckungen" – d.h. 2 DAB-Blöcke – für Europa seit 1995 festgelegt (Bild 10), jeder Block à 1,536 MHz und damit – nur wegen des hohen Fehlerschutzes – etwa 1,5 Mbit/s netto kann neben den sog. PAD und NPAD-Daten entweder z.B. 6 Tonprogramme oder auch ein Videoprogramm mit übertragen (Bild 11).

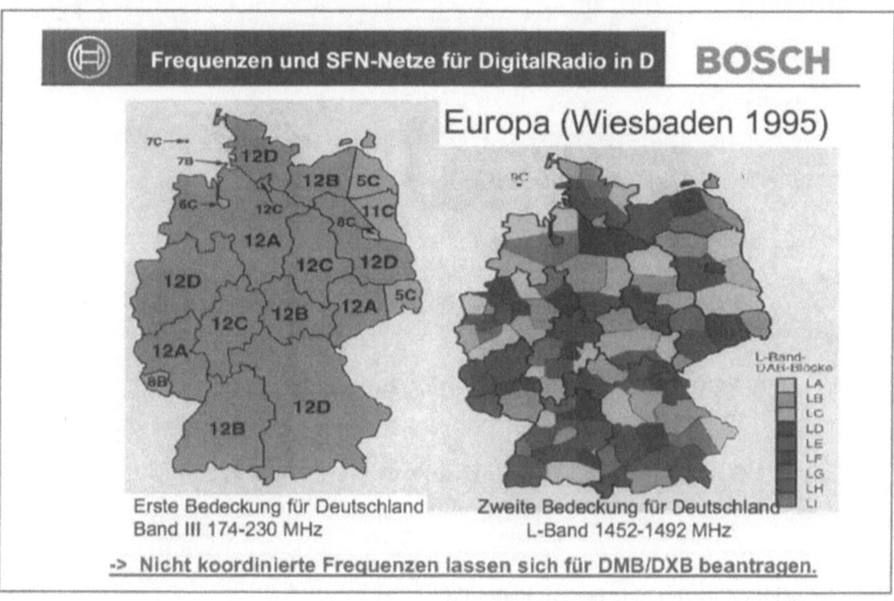

Bild 10 DigitalRadio-Frequenzen in Deutschland

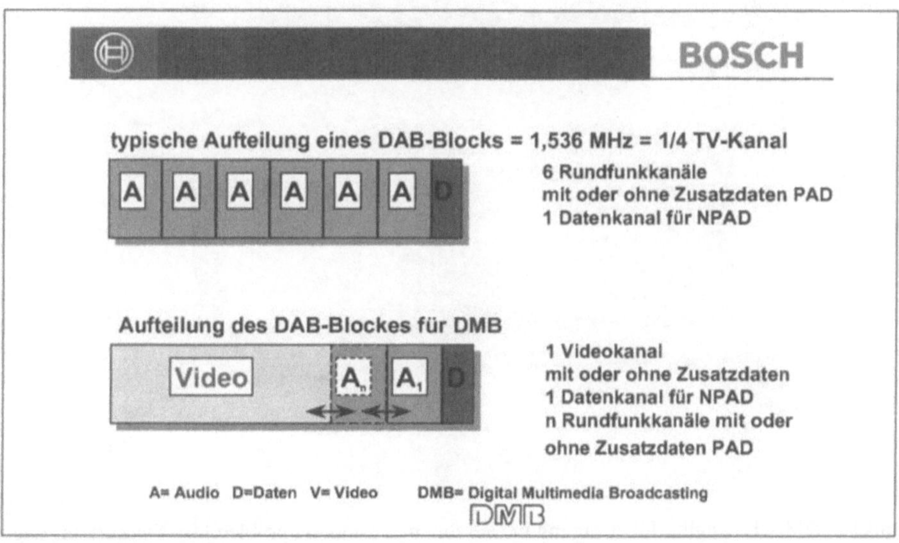

Bild 11 Mögliche Aufteilungen eines DAB-Blockes

Damit lassen sich eine Vielzahl von Einweg-(= Broadcasting-)Diensten verwirkli-
chen – Bild 12 zeigt einen Text- und Standbilddienst, Bild 13 eine Videobildüber-
tragung in einer U-Bahn.

Bild 12 Standbildübertragung per DigitalRadio

Bild 13 DMB-Bewegtbildübertragung in U-Bahnen in Tunneln, problemlose Funkversorgung
mit Einzelantenne am Tunnelmund (Mehrwegefestigkeit)

Die Einführung gerade von DigitalRadio (DAB) als für den mobilen Empfang optimal geeignetes Breitband-Übertragungsverfahrens ist zwar wegen vieler Gründe bislang nicht sehr zügig verlaufen – insbesondere fehlte bislang häufig die Ankündigung der Sendungen durch die Rundfunkveranstalter in ihren UKW-Programmen –, beginnt nun aber mehr und besser anzulaufen. Bemerkenswerter Weise erfolgt die Durchsetzung beim Kunden z.Z. in Großbritannien am schnellsten.

Die Videoübertragung über DAB – also DMB – funktioniert problemlos auch unter schwierigsten Empfangsbedingungen (z.B. in Tunneln), hat bislang in Deutschland allerdings erst bei Mediendiensten – also noch nicht bei der Fernsehübertragungen – Anwendungen gefunden.

In Korea ist jedoch für die DMB-Umsetzung wegen der in Deutschland demonstrierten großen Vorteile, der überlegenen Empfangseigenschaften gerade im mobilem Betrieb und der hohen Frequenzeffizienz ein von der Regierung geförderten Großprogramm intensiv begonnen worden. Mit der baldigen Einführung kann gerechnet werden.

Besondere Vorteile:
- DAB-Sender können auch Fernsehen übertragen.
- DAB-Empfänger mit nachgeschalteten MPEG-4 Video-Decoder sind sowohl Hör- als auch sehr billig herzustellende Fernseh-Rundfunkempfänger.

Rundfunkempfang hat also insgesamt große Vorteile bei flächendeckender Versorgung vieler Teilnehmer.

Man kann ihn aber auch erweitert nutzen für Zweiwegübertragung. Wir sahen, dass die Zweiwegübertragungsverfahren bislang nicht zur Übertragung hoher Datenraten an mobile Teilnehmer geeignet sind.

Berücksichtigt man nun, dass der mobile Teilnehmer zum Abruf einer individualisierten Information in der Regel gar keinen symmetrischen Zweiwegbetrieb benötigt – er sendet ja zumeist nur eine Anforderung oder eine kurze Antwort und erwartet hingegen sehr viele Daten. Da scheint es doch sehr sinnvoll zu sein, auch asymmetrische Dienste künftig in Betracht zu ziehen für die Breitbandkommunikation.

Bild 14 zeigt ein Beispiel: Der Nutzer ruft über sein Mobiltelefon schmalbandig beim Internetprovider an und die hochratige Antwort wird über einen DAB-Kanal mit hoher Datenrate zum Teilnehmer übertragen.

Die Vorteile liegen auf der Hand:
- Nutzung vorhandener Infrastrukturen von GSM/GPRS und DAB,
  kein Neuaufbau nötig
- Flächendeckung ist sofort gegeben entsprechend GSM bzw. DAB-Ausbau

- Gebührenabrechnung problemlos zusammen mit GSM-Gebühreneinzug
- Vertraulichkeit möglich durch Berechtigungscodes (PIN) und Verschlüsselung, wenn DigitalRadio-Endgerät einzeln adressierbar ist (technisch gelöst)
- mobiler Empfang problemlos möglich bei allen praktisch vorkommenden Geschwindigkeiten
- kostengünstige Lösung
- keine neu zu ersteigernden Frequenzen erforderlich

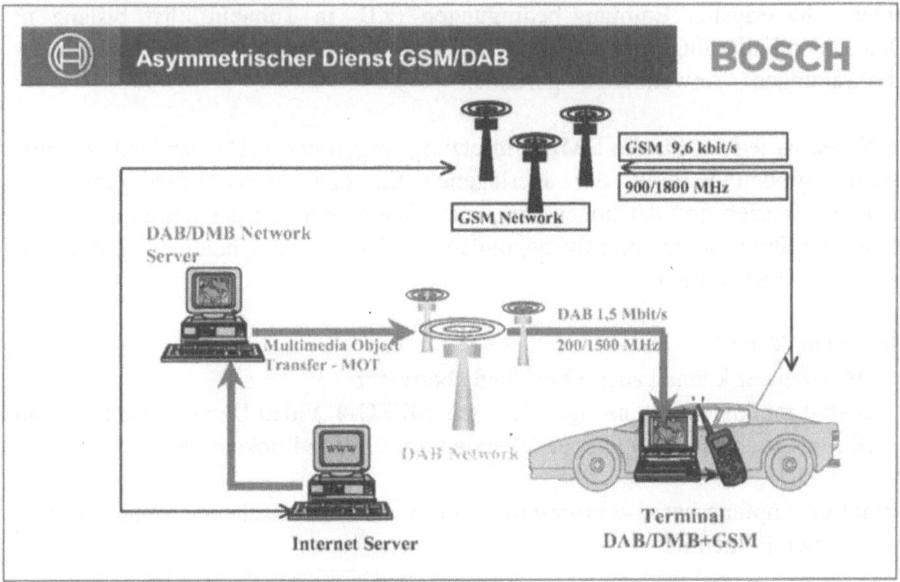

Bild 14 Prinzip eines asymmetrischen Dienstes GSM/DAB

Die Diensteanbieter (z.B. Telcoms) beginnen derzeit, sich intensiv mit diesen Verfahren zu beschäftigen, die auch kostenmäßig bedeutsame Vorteile haben (Bild 15).

Natürlich ist auch ein asymmetrischer Dienst mit DVB-T denkbar, kann jedoch wohl erst nach Flächendeckung für den mobilen Betrieb von größerer Bedeutung werden.

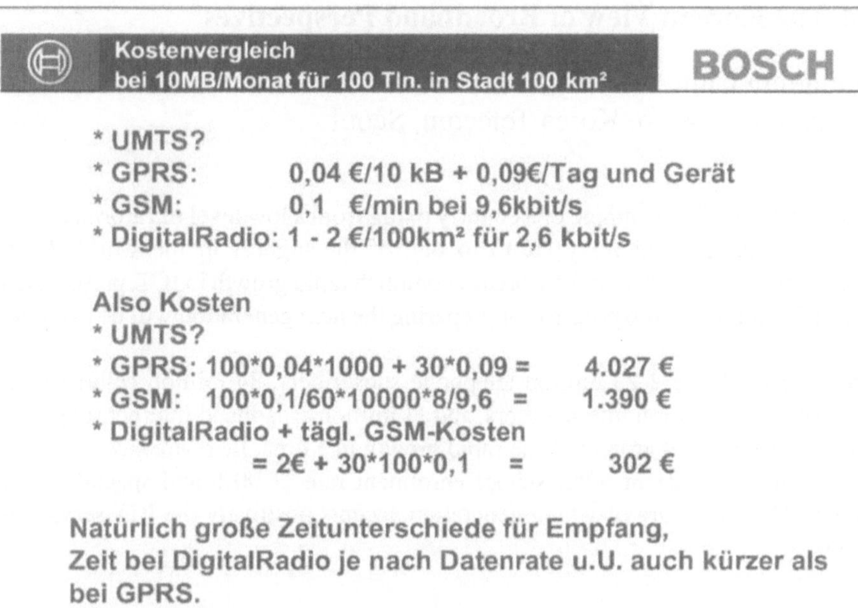

Bild 15 Kostenvergleich asymmetrischer GSM/DAB-Dienst zu symmetrischem GSM-Dienst

Zusammenfassung:

- Datenkompression für Audio und Video sind nun genormt und dürften auf Empfangsseite somit für längere Zeit kompatibel zu Weiterentwicklungen auf Senderseite bleiben können. Anschaffungshemmnise beim Kunden sollten damit mehr und mehr entfallen.

- Bislang sind nur Rundfunkverfahren geeignet zur breitbandigen, terrestrischen Funkübertragung mit > 1 Mbit/s zum mobilen Nutzer mit höherer Geschwindigkeit (z.B > 150 km/h).

- Breitbandige Zweiwegverfahren für terrestrischer Ausstrahlung sind bislang in der Regel für kleine Zellen und stationären oder portablen Betrieb bei kleinen Geschwindigkeiten ausgelegt.

- Asymmetrische Dienste unter Nutzung vorhandener Infrastrukturen von Mobilfunk- und Rundfunknetzen werden interessant.

1.4 The Korean View of Broadband Perspectives

Youngmin Chin
Technology Group, Korea Telecom, Seoul

Korea is the leading example of a country rising from a low level of Information and Communication Technology (ICT) to one of the highest in the world. In this presentation, factors that make Korea accomplish rapid growth in ICT, present status of ICT in Korea and the progress of preparing the next generation will be explained.

Korea currently hold 23 million telephone subscribers, 34 million cellular phone subscribers, 26 million Internet users, and 11 million broadband Internet subscribers (Fig. 1). As the background of the rapid growth in Korea, there are several reasons such as literacy rate of 97%, school enrolment rate of 90% and specially user's culture. User's culture of young generation accepts positively the ICT service and trend.

Statistics on broadband service in Korea

Population	47.7 million
Household	14.8 million
Telephone subscriber	23 million
Cellular subscriber	34 million
Internet user	26 million
Broadband subscriber	11 million
W-LAN subscriber	310 thousand

Value Networking **KT**

Fig. 1

In such a social environment, KT plays an important role in leading ICT industrial development in Korea. KT is the best common carrier which was established as a public enterprise and changed to a private enterprise on 2002. KT holds 23 million telephone subscribers, 13 million cellular phone subscribers, 5.5 million broadband Internet subscribers. KT is also supplying wireless LAN based Internet(WiFi) with 300 thousand subscribers.

Important issues of ICT industry in Korea in 2004 can be addressed as the followings. First, MIC(Ministry of Information and Communication) plans to assign HPi(High-speed Portable Internet) carrier using 2.3Ghz bandwidth. Since HPi technology has merits to provide very high speed Internet service in moving and to expand Internet coverage which is a demerit in WiFi, it will be a core technology of mobile broadband service in the fixed and mobile convergence environment. Secondly, as a unified service of voice and data, NGN(Next Generation Network) service is scheduled by KT next year. NGN allows to combine the telephone service and broadband Internet service on the IP network with soft switch developed by KT itself. Thirdly, according to the IP in home, home network service will be expected such as remote control of PC and electronic appliances or home security system, VOD, multicasting etc.

It can be remarked that the diffusion rate of ICT in Korea including broadband service is almost saturated. Therefore, new policies of HPi, NGN, home network and others are discussed to make new demands. Concurrently, the research of devices on the basis of IP is progressed to accommodate the above service of ICT.

Broadband market overview

Korea is one of the largest and fastest growing Internet markets in the Asia/Pacific region. According to the Ministry of Information and Communication, the number of Internet users in Korea has grown from 3.1 million to 26.3 million during the period between December 31, 1999 and December 31, 2002. Total broadband Internet subscribers in Korea reached 11 million as of 2003 from 0.3 million as of 1999 (Fig. 2).

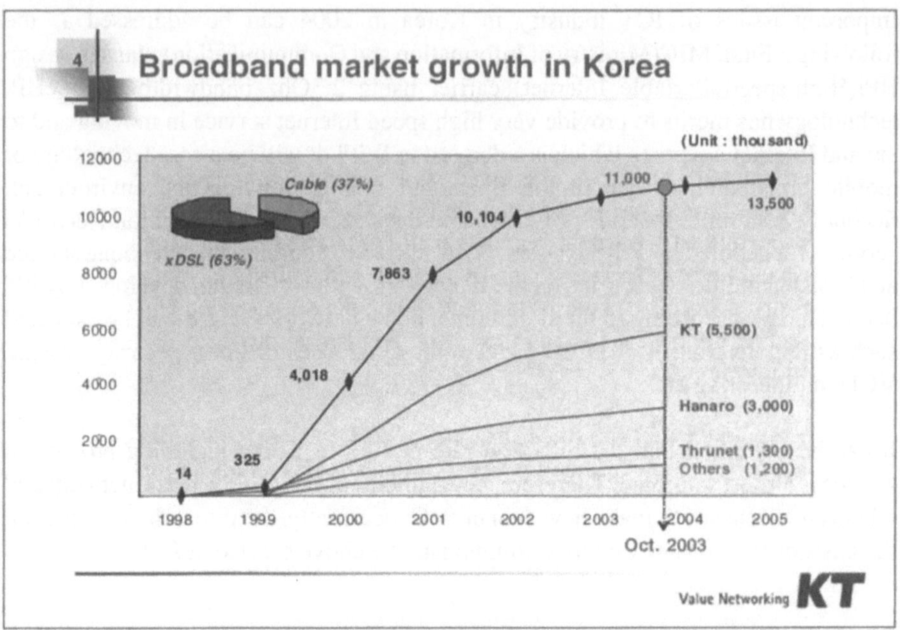

Fig. 2

The Korean broadband Internet access service market has experienced significant growth over the last five years since Thrunet first introduced its Hybrid Fiber Coaxial (or HFC) based service in July 1998. Hanaro Telecom entered the broadband market in April 1999 offering both HFC and Asymmetric Digital Subscriber Line (or ADSL) services. KT began to provide broadband Internet access service in June 1999. Dreamline and DACOM followed and introduced their services in late 1999 and early 2000, and numerous cable television operators have also begun HFC-based services. Three major players (KT, Hanaro, Thrunet) have almost 90% of market share (Fig. 3). KT has 49.4% of market share and Hanaro has 26.5% of market share based on the number of subscribers in Korea.

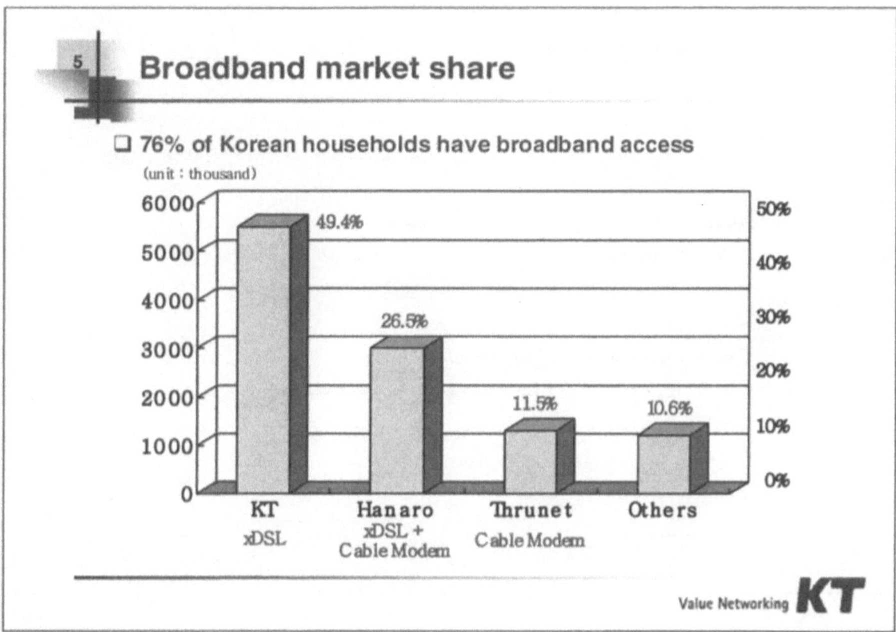

Fig. 3

As a result of having to compete with a number of competitors and the maturing of
the Internet access service market, Korean companies currently encounter pressure
to increase marketing expenses in the future. Competition will continue to intensify
as the usage and popularity of the Internet grows and as new domestic and
international competitors enter the Internet industry in Korea. The substantial
growth and potential size of the Internet industry in Korea have drawn many
competitors and may lead to increasing price competition to provide Internet-related
services.

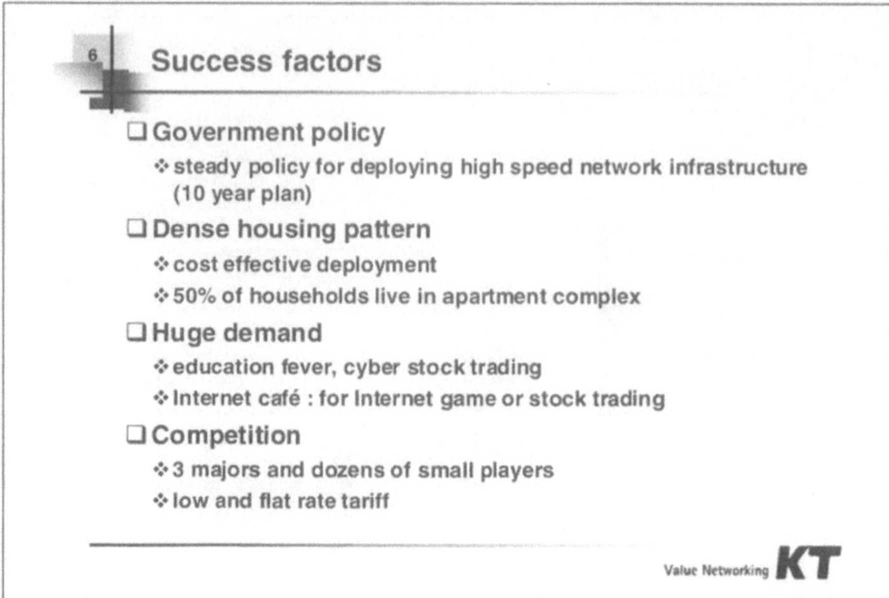

Fig. 4

Success factors

The main success factors of rapid growth are steady government policy, dense housing pattern, huge demand and competition (Fig. 4). Recognizing the potential of the Internet, the Government has taken major steps to accelerate Internet awareness among Korean consumers and businesses. In March 1999, the Government announced the blueprint for managing the country's transformation into an information society, which reaffirms the Government's commitment to focus its resources on building and upgrading telecommunications networks, wiring government, businesses and individuals to the Internet and facilitating growth of the software and Internet protocol industries. Korea has the high density of population and 50% of households live in apartment complex. So this pattern could make cost effective deployment possible compared to other countries. There are several reasons of huge demand such as education fever, cyber stock trading, Internet gaming and so on.

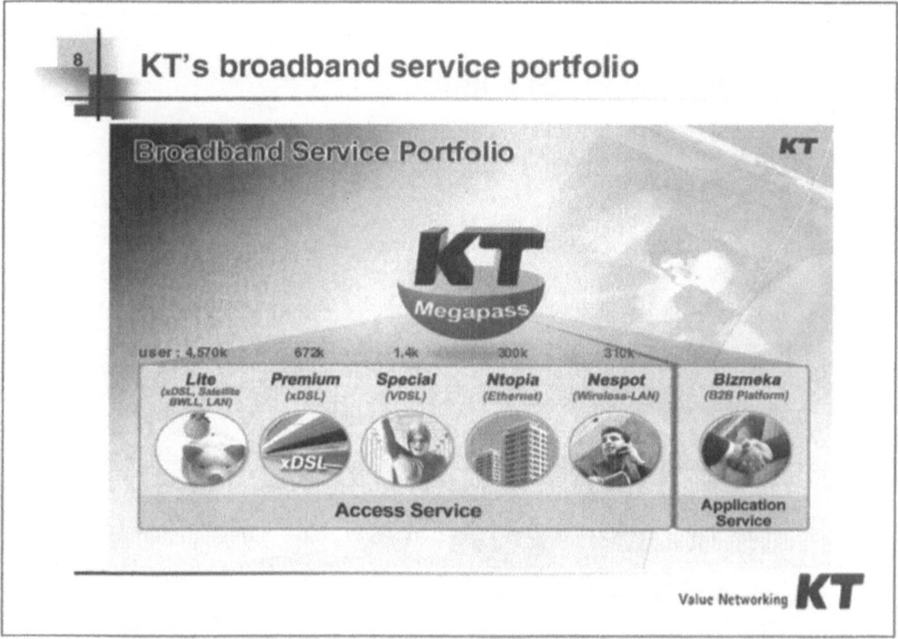

Fig. 5

Broadband service portfolio

KT's broadband services mainly consist of access service (Megapass, Nespot) and application service for small and medium enterprise (Bizmeka) (Fig. 5). The KT's operating revenue in 2002 totaled 10.5 Billion U.S. Dollars and the revenue of broadband is 1.7 Billion U.S. Dollars(17.1%).

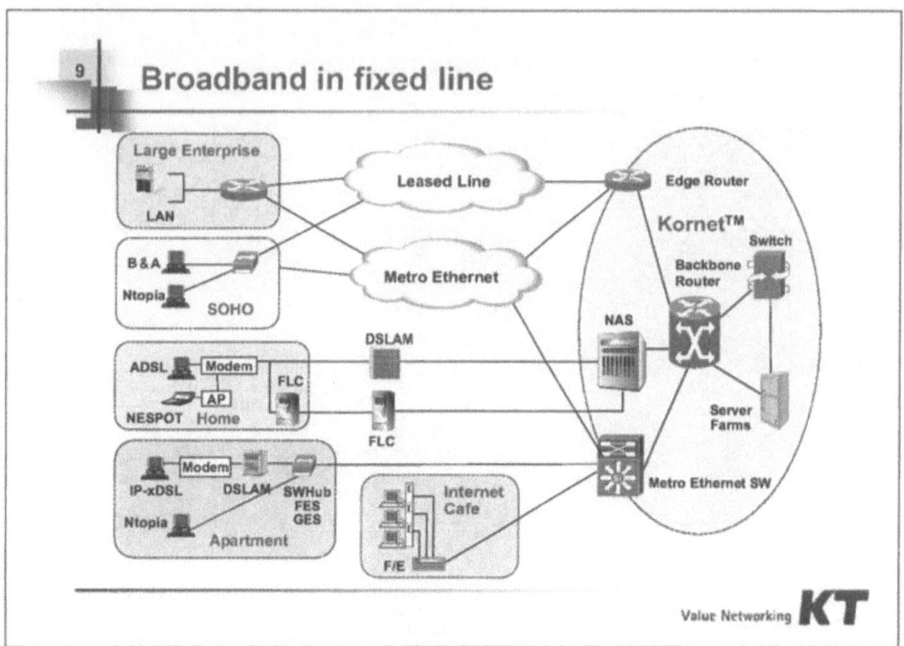

Fig. 6

Under the "Megapass" brand name, KT offers an ADSL service with data
transmission speed of up to 8 Mbps, a VDSL service with data transmission speed
of up to 20 Mbps and a B&A service designed for buildings and apartments (Fig. 6).
In addition, KT offers a fiber-optic cable-based Ethernet access service under the
"Megapass Ntopia" brand name. For those regions where KT is not able to provide
broadband Internet access service using fixed lines, KT offers satellite-based
Internet access service and broadband wireless local loop (or BWLL) service
(Fig. 7). KT has 5.5 million broadband Internet subscribers, of which 5.2 million
subscribed to the ADSL or VDSL services (94.6%) and 0.3 million subscribed to the
Ntopia service (5.4%).

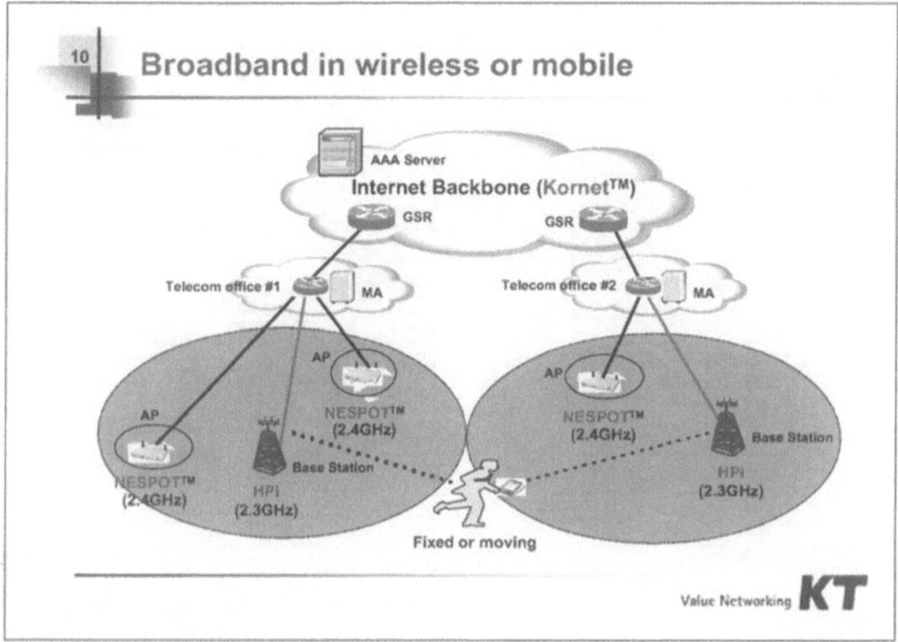

Fig. 7

KT launched a wireless LAN service called NESPOT in February 2002, which is designed to integrate fixed-line and wireless services by offering high speed wireless Internet access to laptops and PDAs (Fig. 8). NESPOT service provides our subscribers wireless access to high speed Internet in hot-spot zones, dial-up connection to EV-DO handsets and Megapass service in fixed-line environments. KT has approximately 0.3 million subscribers of NESPOT and 12 thousand hot-spot zones nationwide for wireless connection. This service provides access speed up to 11.0 Mbps.

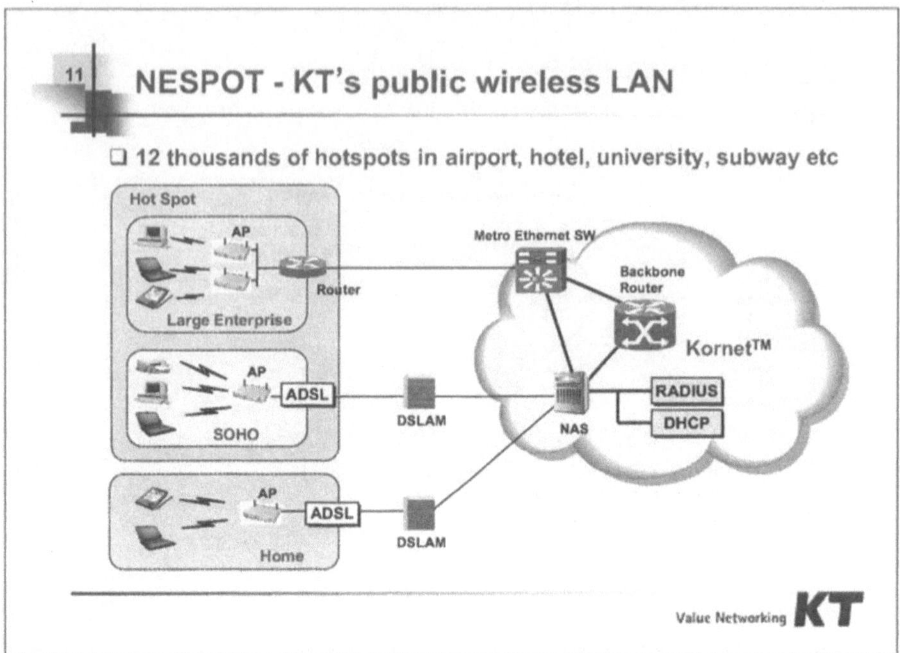

Fig. 8

KT's Internet-related services focus on providing infrastructure and solutions for business enterprises. KT expects to continue to build out the Internet data centers to meet the demand resulting from the rapid increase in the use of the Internet and data traffic. KT already has twelve Internet data centers, providing a full range of co-location, server hosting and web hosting services. Internet data centers allow corporations or Internet service providers to outsource their application and server hardware management. Services offered by KT Internet data centers include shared application hosting, dedicated hosting, co-location and managed hosting. Shared application hosting is the storage and delivery of applications over the Internet via a shared server. Dedicated hosting is application hosting on a dedicated server. Co-location is the installation of the customer's network equipment at the Internet data centers. Managed hosting refers to additional premium hosting services for which customers are charged separately, such as network availability monitoring, remote power supply, bandwidth utilization monitoring and data backup and recovery.

KT also anticipates that demand for commercial transactions over the Internet will continue to increase in the future. KT launched bizmeka.com to develop and commercialize business-to-business (B2B) solutions targeting approximately 3.0 million small and medium-sized business enterprises in Korea. Bizmeka.com is an applied application service provider which provides industry-specific business solutions, including customer database management and electronic data interchange. KT has approximately 300,000 subscribers as of May 2003.

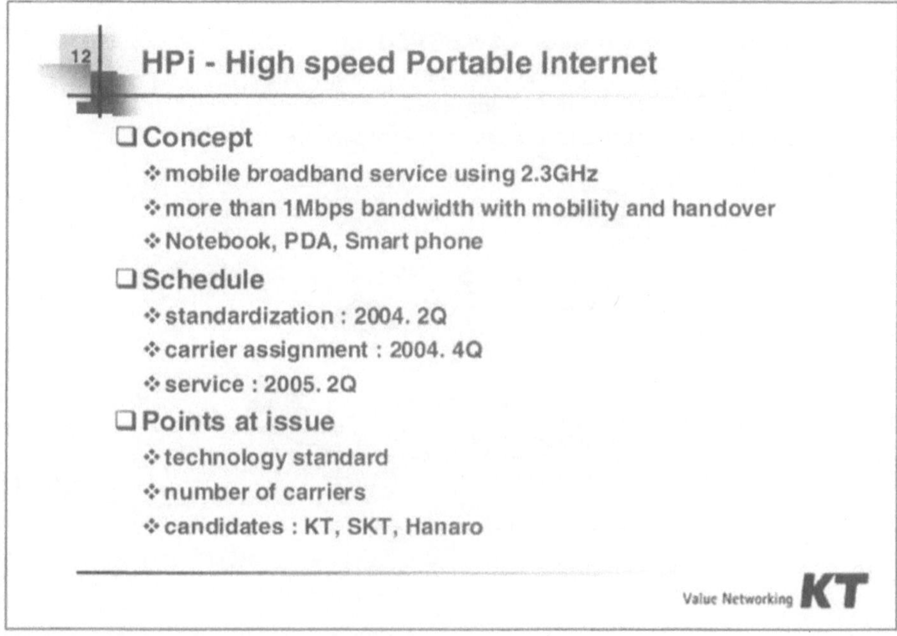

Fig. 9

New services preparing the convergence era

High speed Portable Internet(HPi) service is the mobile broadband service using 2.3GHz which enables users to access the Internet fast and economically (Fig. 9). The most attractive feature of portable Internet is that it will offer affordable high-speed access to the net(1 Mbps or higher) anywhere and anytime, and can be used even while on the go. Thus, the service is expected to overcome the shortcomings of wireless LAN networks which offer limited mobility and mobile handset-based (Notebook, PDA, Smart phone) services which provide only mid- to low-speed access (Fig. 9).

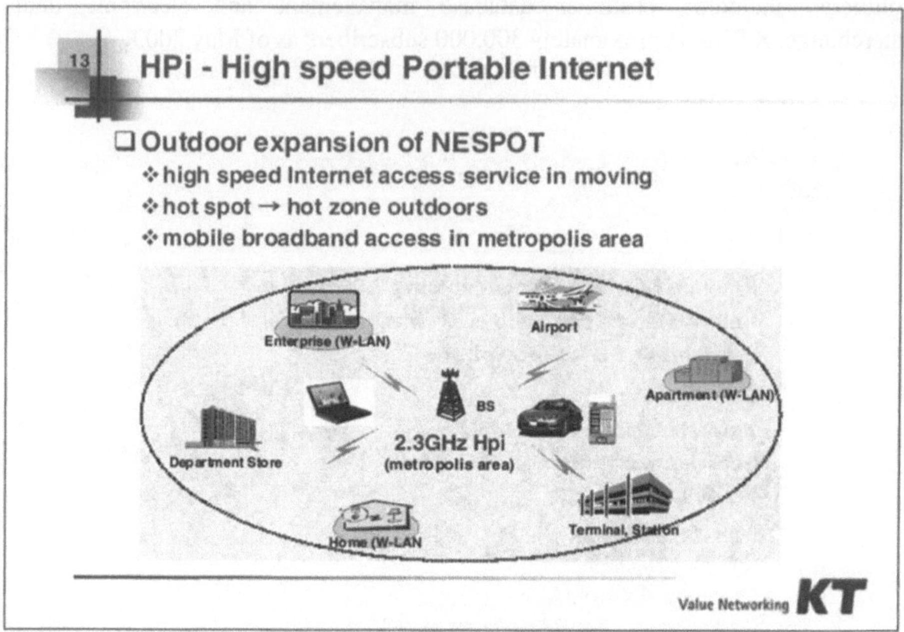

Fig. 10

In addition, since portable Internet allows users to roam through wireless LAN and mobile telecom networks, it will enable users to surf the Internet anytime and anywhere at high transmission speeds and at attractive rates (Fig. 10, Fig. 11).

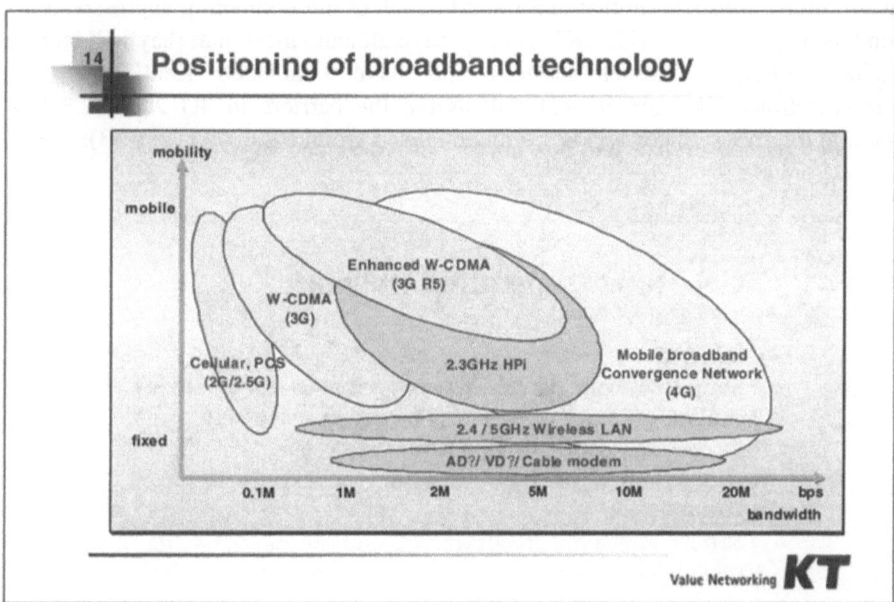

Fig. 11

HPi service is expected to emerge as the cornerstone of mobile Internet and fixed-line telecom services (Fig. 12).

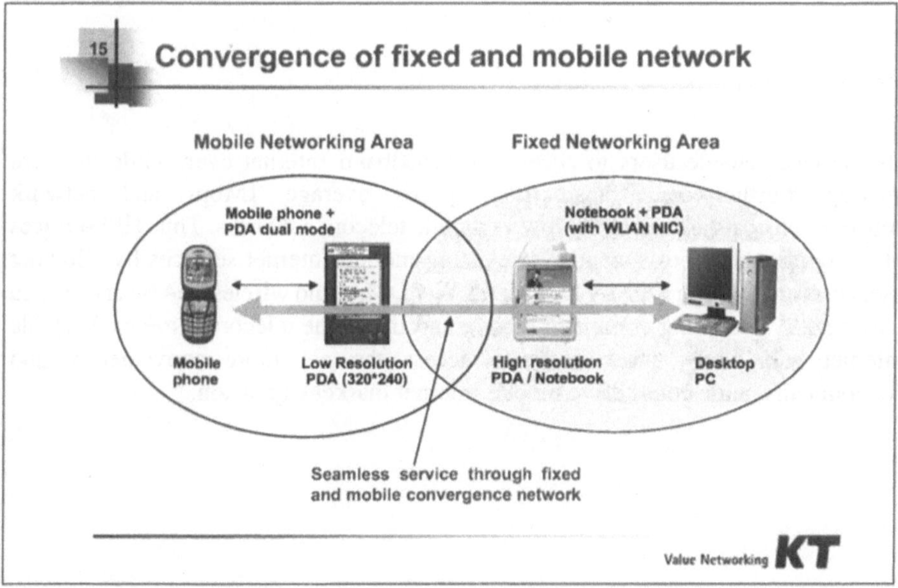

Fig. 12

Accordingly, domestic mobile and fixed-line telcos are competing aggressively to win business licenses – KT, SKT, Hanaro have all announced that they will launch 2.3GHz portable Internet services and have conducted field tests and demonstrations. The government will assign the carriers in 4Q 2004. 2.3GHz portable Internet services will be commercialized around 2Q 2005 (Fig. 13).

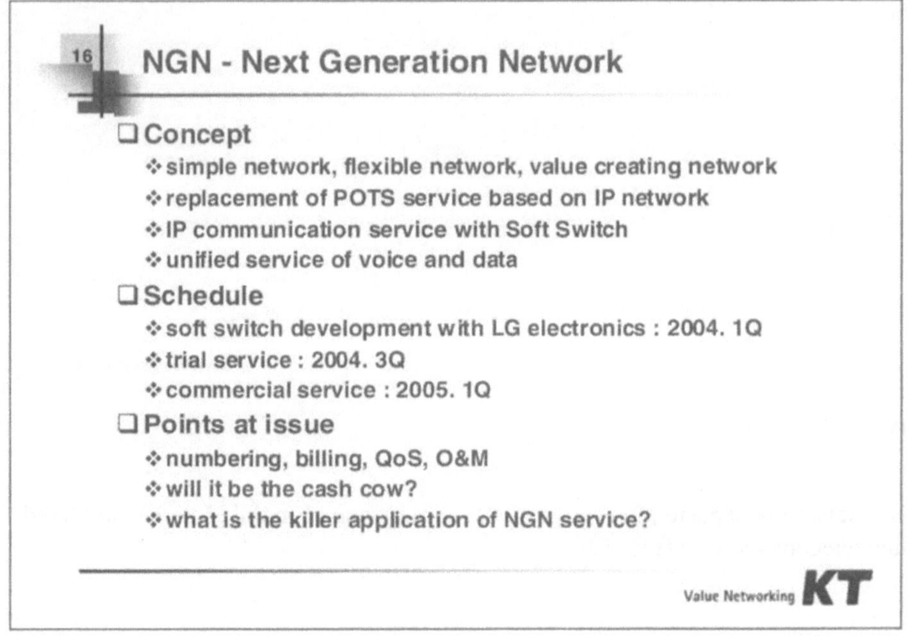

Fig. 13

HPi services enable users to access the broadband Internet even while they are moving. Furthermore, transmission speeds average 1Mbps and network construction costs are relatively low vs mobile telecom networks. Thus HPi services offer significant improvement over existing mobile Internet services by allowing users to roam through CDMA 1X EVDO, W-CDMA, and wireless LAN service area – essentially providing combined mobile and fixed-line telecom services. Portable Internet will likely allow users to access the net more conveniently and economically, and should drive mobile Internet market expansion.

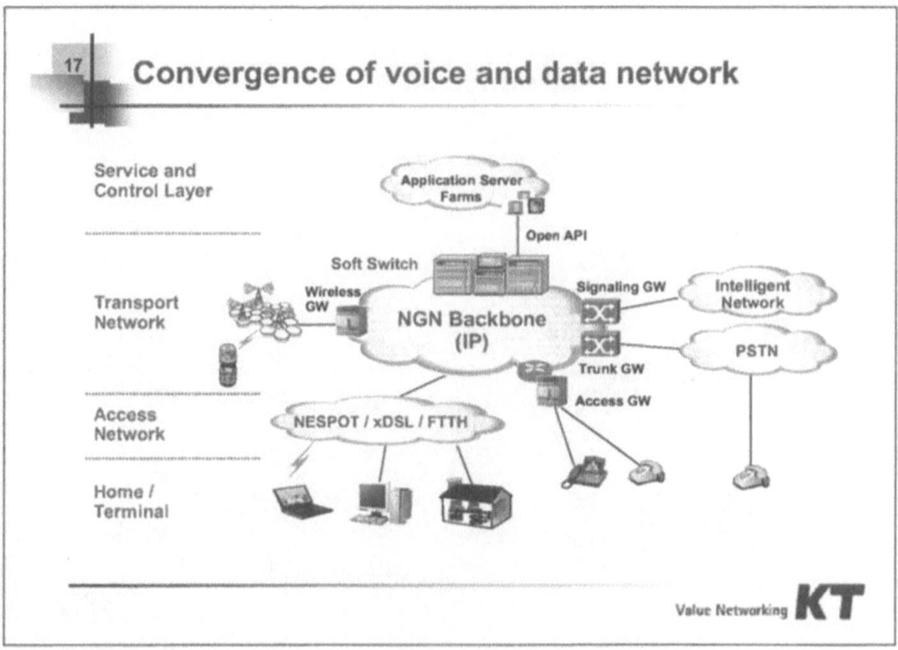

Fig. 14

NGN is the convergence of voice and data network intending to simple network, flexible network, value creating network (Fig. 14). NGN is defining and deploying networks, which, due to their formal separation into different layers and planes and use of open interfaces, offers service providers and operators a platform which can evolve in a step-by-step manner to create, deploy and manage innovative services. NGN allows the replacement of POTS service based on IP network and brings IP and PSTN/ISDN network architectures together for voice services. NGN offers IP communication service with Soft Switch and unified service of voice and data. NGN improves the specification of QoS service levels, together with a range of new revenue-generating service offerings.

The main components of NGN consist of Soft Switch, Access GW, Trunk GW, Signaling GW. Soft Switch performs Connection, routing, resource management, protocol conversation, application interface for doing control for media gateways, media servers, and IP endpoints. Access GW can deliver Voice over packet network and allow seamless integration with either the PSTN or new Soft Switch technology. Trunk GW connects PSTN and Internet and receives control signal from Soft Switch. Signaling GW performs real-time relay or protocol conversion of call signaling(voice/video).

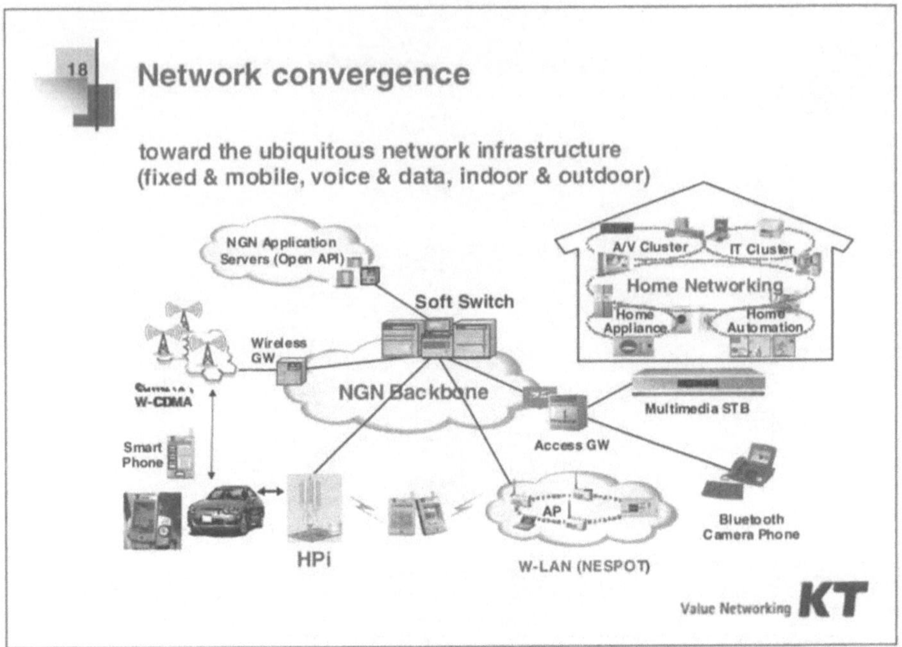

Fig. 15

KT is currently developing Soft Switch with LG electronics and will finish the
development by 1Q 2004. KT will start trial service around 3Q 2004 and NGN
service will be commercialized around 1Q 2005. The key issues of NGN are
numbering, billing, END to END QoS and O&M. NGN is the network convergence
of PSTN, Internet, Mobile toward the ubiquitous network infrastructure (fixed &
mobile, voice & data, indoor & outdoor) (Fig. 15).

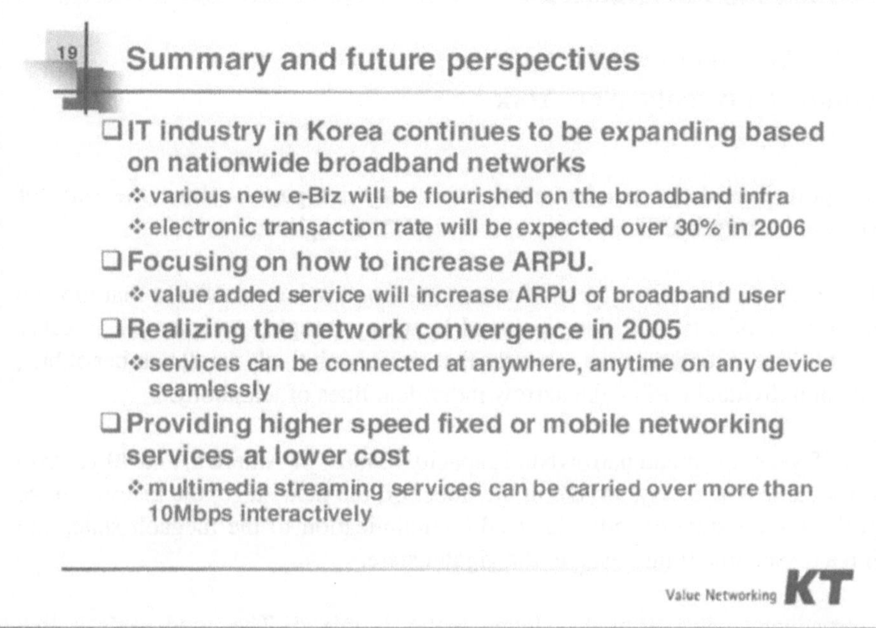

Fig. 16

Conclusion

IT industry in Korea continues to be expanding based on nationwide broadband networks (Fig. 16). Various new e-Business will be flourished on the broadband infrastructure and electronic transaction rate will be expected over 30% in 2006. The telecom companies are focusing on how to increase ARPU and value added service will increase ARPU of broadband user. The network convergence will be realized in 2005 and services can be connected at anywhere, anytime on any device seamlessly. This is providing higher speed fixed or mobile networking services at lower cost and multimedia streaming services can be carried over more than 10Mbps interactively.

1.5 Broadband in America

Prof. Eli M. Noam
Columbia University, New York

This report consists of two elements. The lengthier part is about the state of broadband in America. The second part is about the implications.

In the past, we created two types of networks. One kind are networks that move a large number of bits, and that is shared by many people. An example is cable television. The second type are networks that move a relatively small number of bits, but on an individual basis – the narrow individual lines of telephony.

It took 75 years to spread narrowband capacity to most of America, and 40 years to do it for cable TV. Today, we are in the midst of, the next stage, the historic move from the kilobit state of individualized communication to the megabit state, and within a reasonable future even to the gigabit state.

The broadband news from the United States is mixed. The good news is that broadband penetration keeps rising. At the end of 2003, it has reached about 19 % of households, 28 % of Internet homes, and about 29% of all Internet usage. In terms of at the type of broadband platform, the number of subscribers using satellite is small, there is virtually no wireless or electric utility powerline connectivity, and there is not much fiber to the home. The mainstays of broadband are telecom-based DSL and especially cable modem.

On the other hand, and more perplexingly, the US is not the leader in broadband in the way that it has been for the narrowband dial-up Internet. In countries such as South Korea, Belgium, Canada, and Denmark, broadband penetration is higher. And Japan is in the process of forging ahead.

The problem in the United States does not lie in supply but on the demand side. Actual subscriptions for cable modem and DSL service are much below their availability. Ant the question is why the gap, why is the glass only 19% full? The main reasons are high prices and limited applications.

Let us look first at prices. An international comparison of broadband prices by the ITU, was normalized to 100 kilobits/sec to allow comparisons, given that each country has a different definition of broadband. It also takes into account people's income. Table 1 shows that broadband service in Japan is quite cheap. United States prices are about 10 times as expensive as Japan's and six times as expensive as Korea's. Saudi Arabia and Mexico are hugely expensive, and Germany is somewhere in the middle.

Table 1 International Price Comparison of Broadband

Country	100 kbit/s as % of monthly income
Japan	<0.01
Korea	0,02
Belgium	0,05
Hong Kong, China	0,06
Singapore	0,11
United States	0,12
Canada	0,14
Netherlands	0,15
Germany	0,2
Israel	0,25
Italy	0,29
United Kingdom	0,3
Sweden	0,43
Switzerland	0,43
France	0,46
Finland	1,09
Brazil	1,52
Mexico	3,95
Saudi Arabia	12,26

Another way of analysis is to look at *relative* prices – broadband Internet in comparison with dial-up narrowband Internet. Statistics from the FCC show how much it would cost extra to use broadband relative to 20 or 40 hours of narrowband dial up service.

Table 2

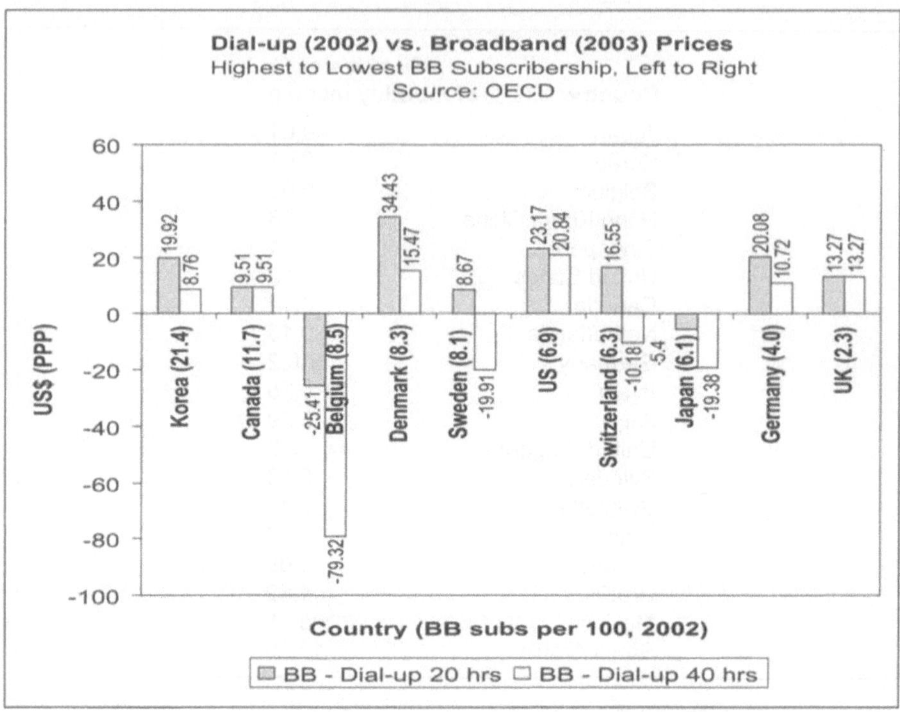

Dial-up requires telecommunications charges. In the United States they are flat and the user does not pay an incremental communications charge. In most other countries user must pay for telecom access by the minute. In those countries, the cost of moving to a flat-rate broadband is therefore partly offset by the lower telecom charges. In Belgium and in Japan, it is actually cheaper for a user of 20 hours of Internet per month to sign up for broadband and drop dialup Internet.

Prices make a difference because people's demand is somewhat inelastic. When people were surveyed in the United States on why they did not take broadband, by far the most common explanation (48%) was that the price was too high.

A study by Rappoport et al estimated price elasticities for cable modem service. The revenue maximizing price point was at $50, close to its actual price. DSL service is more price-elastic, which would suggest that its customers are likely to require a lower price in order to sign up, bad news for the phone companies. A price of $50 is not low for the average household, on top of regular cable and/or telecom subscriptions.

Table 3 Demand Elasticities for Broadband (Rappoport, Taylor, Kridel)

Cable Modem	-0.75 to −0.98
DSL	-1.17 to −1.76

The study found a greater price elasticity for DSL, meaning that telecom companies had less ability than cable companies to maintain high prices.

Competition is therefore important in lowing prices. And here different countries exhibit different market concentration.

Table 4 Market Concentration in Major Broadband Countries

	HHI
Japan	2479
Sweden	4313
US	4569
Belgium	4957
Canada	5050
UK	5081
Switzerland	5101
South Korea	5312
Denmark	5635
Germany	9258

Table 4 shows concentration for broadband provision, using the Herfindahl-Hirschman index of concentration. Japan is a highly competitive environment. The DSL providers E-Access, Yahoo Broadband and NTT have been engaging in an energetic rivalry that greatly reduced prices. For all countries, broadband market concentration is fairly high, but in Japan it is the relatively lowest; the US, Belgium, Canada and Korea are somewhere in the middle; and Germany is highly concentrated.

In the United States, cable companies offered broadband earlier and have maintained their lead over telecom DSL service consistently with about 60% of the market.

Even more important than price is the shape of the demand curve. It is a classic chicken-and-egg situation. There are no high-speed applications to entice many users to sign up, and because there are not enough users there is not enough incentive to develop and roll-out such applications.

The second problem has been regulation. The FCC has been actively pushing to remove restrictions on broadband of phone companies and cable companies. It has done so partly by simply defining broadband as an "information service", which under US law is unregulated. That short-cut was perhaps a bit too clever and in a Federal court it was overturned, so far. On broadband issues there has been no major difference between the Clinton and Bush FCC. Both want to deregulate broadband. Both are afraid to require cable television to open up its broadband service to other providers and content. Both keep losing in the Federal courts. Both are unpopular with Congress.

Congress has fielded a variety of bills, mostly supportive of rural broadband. There is the Rural America Deployment Bill; the Broadband Expansion Grant Initiative; the Broadband Internet Access Bill; the Broadband Bill; the Rural America Disability Bill; the Broadband Employment and Teleworking Centers Bill; the Hollings and Breaux bills of 2003; and several more. Most of these bills, as well as the proposals of the Democratic candidates for nomination, have been more supportive of rural America than of poor urban areas. One major support mechanism for Internet (and broadband) deployment has been the "e-rate", a $2.3 bil a year program to subsidize the connectivity of poor schools, libraries, and hospitals. It has succeeded in terms of deployment, but has also led to many problems of fraud and mismanagement.

This supply-side strategy does not address the major problem, that demand has been lagging. To stimulate demand requires other public strategies, such as to facilitate micropayment systems through the central bank, to facilitate telework, to license distance education and to enable telemedicine through the removal of restrictive liability rules.

Beyond those applications, the main use of broadband is entertainment, not education or telework. For some time radio stations have been active on the Internet, though many stations have now dropped their Internet simulcasting activities due to requirements to pay royalties to copyright holders and to unionized employees. There was no compensating revenue, because advertisers did not pay extra for the online audiences.

When it comes to music downloads, Napster and MP3 expanded broadband utilization. The music industry fought this challenge in a variety of ways, technically, legally, legislatively, diplomatically. Finally, it tried to do so economically, and to use the Internet as a new distribution. Music downloading through Apple i-Tunes and others has shown itself to be effective.

On the video side, there was a brief commercial rush in the dotcom-bubble era, but most early efforts – such as Pseudo.com, Atom Films, Digital Entertainment Networks – failed in the period known as Black September (2000). There is no shortage of new efforts, such as Cinema Now, or Filmspeed. The established media has also been trying to provide video-on-demand over broadband through through MovieLink and others. But the business models have not worked well.

Instead, broadband's "killer applications" has been *peer-to-peer* (P2P) and VOIP (voice over IP). Cable firms such as Time Warner and CableVision provide VOIP telephone service, as do independent providers such as Vonage which offers unlimited domestic calling and in some cases international calls for $35, plus many added features. VOIP is a huge threat for the established telephone industry and has led to a variety of regulatory proceedings, with the FCC generally being supportive to the entrants. Several states have asserted jurisdiction over VOIP, partly in order to establish rules for emergency call identification service quality and contributions to universal service. Courts have struck down the states' efforts so far.

In 2003, there were about half a million P2P video downloads daily despite the efforts of ISPs, content owners, and employers to block it. Video P2P has been growing rapidly with broadband penetration. Technology has been progressing, too. At CalTech, the R&D project Fast reached download speeds for a DVD-quality movie of 5 seconds. Internet II, the government-supported effort of a high-speed network development has been moving a whole movie, halfway around the world in one minute.

The Hollywood industry, highly anxious to escape the music firms' fate, has tried to stem the tide. Its arguments are those of countering piracy. Much of P2P content is indeed copyrighted and not licensed. Therefore, the content industries are pushing protective bills in Congress, such as the Hollings and the Berman bills, which empower media companies, among other means, to fight back by engaging in electronic warfare against the users, for example by sending back viruses.

So far, the media industry has not considered instead of fighting it, embracing peer-to-peer. It should use P2P to grow the broadband platform which would generate a customer base for a commercial service. But to reach that conclusion is not easy. It would have similarly been logical 55 years ago for the Hollywood industry to support television instead of fighting it; soon it became its best customer. 20 years later Hollywood fought cable television and videocassette recorders, yet both eventually become huge money makers for the film industry. The pattern is initially an opposition, an eventual grudging acceptance, and finally a hugely profitable distribution.

One way to encourage P2P while not turning a blind eye to piracy is to have a compulsory license in which users could use copyrighted content without permission, but with a mandatory license payment required. Users would pay but would not have to negotiate a license. Peer-to-peer and compulsory licensing are part of the broadband solution which will benefit content providers in the long run. But many media interests prefer the short term.

The Impact of American Broadband on other Countries

Suppose broadband becomes prevalent in America, and commercial TV services over it becomes successful. What are the implications for other countries? Transmission technology is media destiny. It is useful for us to understand several fundamental trends and put them together.

First, domestic broadband penetrations are increasing rapidly around the world. Second, the price of international transmission is dropping rapidly. Third, broadband content is expensive and has strong economies of scale.

According to my calculations, it is 40 times more expensive to distribute a video program over broadband it than it is to distribute over cable. Why? A synchronous broadband pipe shared by thousands is cheaper than an individualized asynchronous pipe. That difference is not overcome by more advanced technology, because innovations in technology will be just as usefully deployed by regular cable or telecom providers. Why would one use then more expensive form of transmission, broadband television? Not for regular TV such as soccer matches or standard television shows, because even the time shifting can be done cheaper by storing it at home. But one would use Broadband TV for special purposes that could not be done well over regular one-way cable television, satellite, or broadcasting: applications that go beyond traditional one-way TV. And that means TV using interactivity, linkages, and multimedia.

To produce such programs is expensive. It cannot possibly be cheaply produced. It exhibits strong economies of scale on the content production side and network externalities on the demand side. It favors companies and providers that can do that. It requires sophisticated operations, big budgets, companies that can diversify a risk, and distribute over other platforms and around the world.

These three trends favor American companies, because they have a large domestic market, a global language, successful hardware and software industries, risk capital and venture finance, a diverse culture, and active technology research.

Broadband television will combine the strengths of the United States in entertainment media, in Internet applications, and electronic transactions. If you add to that the economies of scale, it is a difficult combination to match. The US counts for more than 1/3 of the total broadband population around the world. That is a very significant base to have start with.

Broadband TV will be specialized and micro-casting means global-casting. The more specialized a content is, the larger the geography needs to be for distribution to recover the cost. And as international transmission capacity becomes cheaper, such content providers can reach audiences around the world.

What will other countries do in that environment? The traditional response has been quotas, but they will not work for the Internet. Subsidy mechanisms are the alternative, but they have not worked particularly well for film despite 80 years of trying. Most likely are therefore various restrictive regulations based on specific problems. These problems are morality issues for some countries, and privacy market power issues, or consumer protection issues for others. Broadband television will have its own new set of problems. And the more powerful a new media network becomes the more problems will arises leading to restrictions. And those restrictions will also be used also for protectionist purposes.

Twenty years from now the connectivity issue of broadband will be seen as the easy part of the transition to a Megabit environment because connectivity is mostly a technology investment issue. The difficult issues are to develop content and applications. It should therefore be a development priority, or else broadband will become a one-way street for some countries' content and applications. If that happens we will encounter the broadband television of the future as a battleground of content trade wars. The challenge to us now is therefore to move forward to the next level of development, R&D, and entrepreneurial for applications and content for broadband TV, while not having this new medium strangled in its cradle.

2 Initiativen und Märkte im Breitband-Umfeld

2.1 Breitband in Europa

Alf Henryk Wulf
Alcatel SEL AG, Stuttgart

Moderne Informations- und Kommunikationstechnologien sind zu wichtigen Treibern für Wirtschaftswachstum und Wettbewerbsfähigkeit geworden. Breitband als Schlüsselkomponente für deren Nutzung und Entwicklung ermöglicht neben Effizienz- und Produktivitätssteigerungen auch eine Verbesserung der Lebensqualität.

Ich möchte folgende Aspekte aus europäischer Sicht ansprechen: Welche Bedeutung hat Breitband für Wirtschaft und Bevölkerung? Welche Programme und welche Förderungen gibt es? Wie sieht die Verfügbarkeit und die Nutzung derzeit aus? Wie schätzen wir die zukünftigen Entwicklungen ein? Welche Bandbreiten erwarten wir? Welche zukünftigen Trends sehen wir kommen und welche sollten wir gemeinsam anschieben, damit breitbandige Nutzung in Europa einen noch höheren Stellenwert erhält als zurzeit?

Bedeutung für Wirtschaft und Bürger, Programme und Förderung

Informations- und Kommunikationstechnik, IuK, sind Werkzeuge für höhere Produktivität, wie zum Beispiel auch die Elektrizität (Bild 1). Breitband ist ein Schlüsselelement dafür, das Potenzial der IuK für ein höheres Wirtschaftswachstum und für die soziale und kulturelle Entwicklung zu nutzen, sowie die Lebensqualität im allgemeinen zu verbessern. Wir dürfen diesen Aspekt nicht vergessen, wenn wir Breitband betrachten.

Bedeutung von IuK und Breitband

> Informations- und Kommunikationstechnik (IuK) **sind Werkzeuge** für höhere Produktivität (wie z.B. auch Elektrizität)

> Breitband ist ein Schlüsselelement
  - um das Potential der IuK für das **Wirtschaftswachstum** zu nutzen
  - um die **soziale und kulturelle Entwicklung** voranzutreiben
  - um die **Lebensqualität** im Allgemeinen zu verbessern

> IuK und Breitband schaffen neue Möglichkeiten für **Bildung, Medizin, Unternehmen, Gemeinden, Verwaltung, ...**

> Durch Breitband erhalten KMU **effiziente und dauerhafte Verbindungen** zu globalen Märkten zu vertretbaren Preisen

Bild 1

Weltweit wurden die positiven Auswirkungen einer modernen und leistungsfähigen IuK-Infrastruktur bereits erkannt. Viele Staaten streben eine Führungsrolle in diesem Bereich an. Breitbandige Telekommunikationsnetze zählen in immer stärkerem Maße zu den grundlegenden Versorgungsinfrastrukturen (Bild 2). Entsprechend fordert die Europäische Kommission in ihrem Aktionsplan „eEurope 2005" eine groß-

Beispiele für internationale Breitbandprogramme

> **Schweden:** Nationales Breitband-Infrastrukturprogramm mit **€ 910 Mio.** für unterversorgte Gebiete in 2000 gestartet

> **Kanada: $ 2 Mrd.** "Digital Divide Initiative" zur Versorgung aller Kanadier mit Breitbandzugängen bis Ende 2004

> **Portugal:** Nationales Breitbandprogramm: € 1.76 Mrd. von 2003-2005 mit Investition von **€ 544 Mio. in 2003**
  - Breitbandige Infrastruktur für öffentlichen Dienstleistungsbereich
  - BB für 50% der Endnutzer und 50% der Unternehmen bis 2005
  - Anteil der **EU**-Leistungen in 2003: ca. **€ 360 Mio.**

> **Italien:** Breitband für Verwaltung, Schulen und Krankenhäuser – öffentliche Finanzierung: € 1.8 Mrd. von 2002-2006
  - davon **€ 500 Mio.** für angebotsseitige Infrastrukturmaßnahmen
  - Refinanzierung über erhöhte Steuereinnahmen (mehr Konsum)

Bild 2

Auf internationaler und europäischer Ebene besteht eine Vielzahl von Ansätzen, um diese Ziele zu erreichen (Bild 3). Sie reichen von der Schaffung geeigneter regulatorischer Rahmenbedingungen bis hin zur direkten Subventionierung von Projekten. Die Europäische Union erlaubt hierzu in bestimmten Fällen auch den Einsatz von Mitteln aus den Strukturfonds.

Bild 3

Wichtig ist bei all diesen Initiativen, dass keine Wettbewerbsverzerrung auftreten darf. Wann immer der Staat oder die EU Gelder bereitstellt, um breitbandige Infrastrukturen in marktwirtschaftlich unattraktiven Gebieten aufzubauen, müssen diese wettbewerbsneutral von allen, die Dienste darauf anbieten wollen, genutzt werden dürfen. Das ist eine wichtige Entscheidung der EU, die dazu führen wird, davon gehe ich fest aus, dass in unterversorgten Gebieten in den nächsten drei Jahren eine deutliche Verbesserung auftreten wird, weil es wirtschaftlich interessant wird, dort zu investieren.

Penetration und Entwicklung

Im internationalen Vergleich wird deutlich, dass es große Diskrepanzen in Bezug auf die Breitbandpenetration (DSL, Kabel und andere) gibt (Bild 4). Derzeit liegt die durchschnittliche Penetrationsrate in der EU unter dem Durchschnitt der OECD.

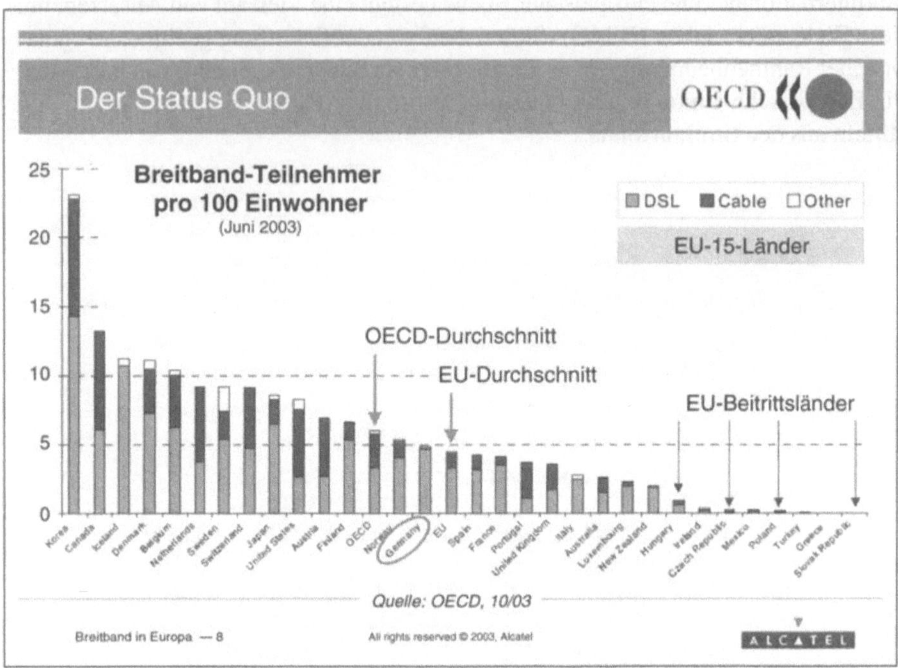

Bild 4

In Deutschland ist diese zwar größer als im EU-Mittel, liegt aber noch leicht unter
dem OECD-Durchschnitt. Beim Vergleich der deutschen Säule mit anderen fällt
weiterhin auf, dass es hier so gut wie keinen CATV-Anteil gibt. Das ist bedauerlich
und für das Wachstum in Deutschland nicht zuträglich. Ich kann nur alle CATV-
Carrier dazu ermuntern, diesen Zustand zu ändern.

Wichtig ist auch zu sehen, dass die EU-Betrittsländer, die im nächsten Jahr der EU
beitreten, eine deutlich geringere Penetration haben. Ungarn, die tschechische Republik, Polen und die slowakische Republik fallen kaum ins Gewicht.

Europa ist die teuerste Region für DSL weltweit (Bild 5). Während es in Asien deutlich und in den USA immerhin noch etwas günstiger als in Europa ist, sind die Preise
jedoch im Fallen begriffen. Dies hat fast zu einer Verdoppelung der Durchdringung
im Jahre 2002 geführt. Dieser Trend setzt sich nach unseren Beobachtungen in
diesem Jahr fort. Es hat seit November 2002 in der EU etwa 10 Millionen neue Breitbandzugänge gegeben.

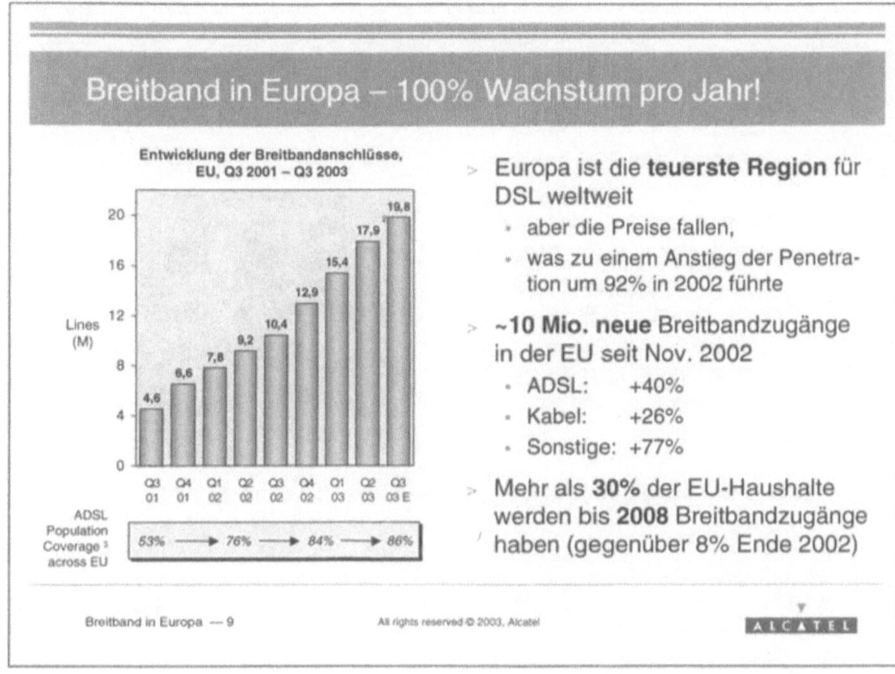

Bild 5

Bandbreiten und Trends

Eine einheitliche Definition von „Breitband" existiert nicht – gängige Definitionen reichen von 128 kbit/s bis zu mehreren Mbit/s (Bild 6). Allgemein wird unter Breitband ein Dienst verstanden, der die „always on"-Charakteristik aufweist und deutlich schneller als ISDN ist. Letztendlich ist nur wichtig, welche Dienste damit für den Nutzer ermöglicht werden. Bandbreiten von mehreren Mbit/s werden in Europa aber bislang nur von wenigen Unternehmen standardmäßig angeboten.

Bild 6

Die nächste Darstellung zeigt, wie viele Carrier im Rahmen ihres jeweiligen Dienstes welche Geschwindigkeit anbieten (Bild 7). Fast alle bieten eine Bandbreite von 512 kbit/s an, während 37 % bereits 1 Mbit/s anbieten und immerhin 12 % sogar 2 Mbit/s. Allerdings ist diese Statistik permanenter Veränderung unterworfen. Die Deutsche Telekom hat beispielsweise sehr erfolgreich mit 768 kbit/s begonnen, ist dann auf 1,5 Mbit/s gegangen und hat bereits angekündigt im nächsten Jahr auf 3 Mbit/s zu erhöhen. Belgacom in Belgien bietet schon seit letztem Jahr standardmäßig 3 Mbit/s an – allerdings mit einer Limitierung des Datenvolumens. Bei Belgacom ist diese Entwicklung ganz klar durch einen heftigen Wettbewerb mit den dortigen Kabelnetzbetreibern getrieben.

Ein wichtiger Trend für die Carrier ist es, weg von der Flatrate zu kommen, d.h. irgendeine Limitierung einzuführen. So soll vermieden werden, dass Kosten ins Unermessliche steigen, und einzelne über die Maßen auf Kosten anderer in den Netzen „leben".

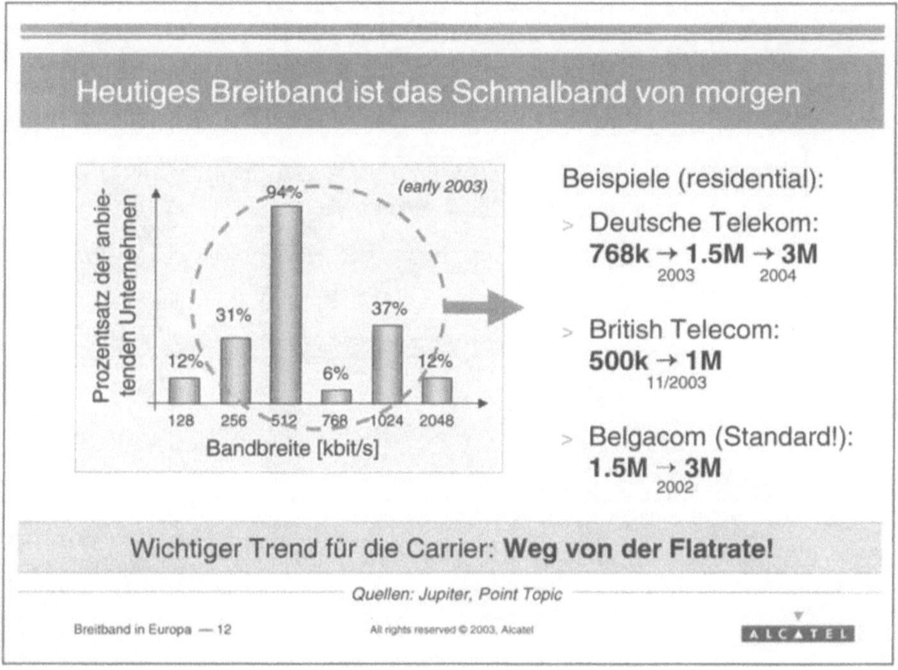

Bild 7

Wesentliche Treiber für eine höhere Verbreitung breitbandiger Zugänge sind neben akzeptablen Preisen und Wettbewerb auf den Infrastruktur-, Dienste- und Anwendungsebenen auch das Vertrauen in die Sicherheit des Mediums und die Fähigkeit, es zu benutzen.

Die Breitband-Welle rollt – in Westeuropa stehen wir nicht mehr am Anfang der Entwicklung, sondern sie ist bereits in vollem Gange (Bild 8). Dagegen stecken die neuen Beitrittsländer zwar noch in den Kinderschuhen, haben aber das Potential, durch konsequente Einführung moderner IuK-Technologien zu starken Partnern in der EU zu werden.

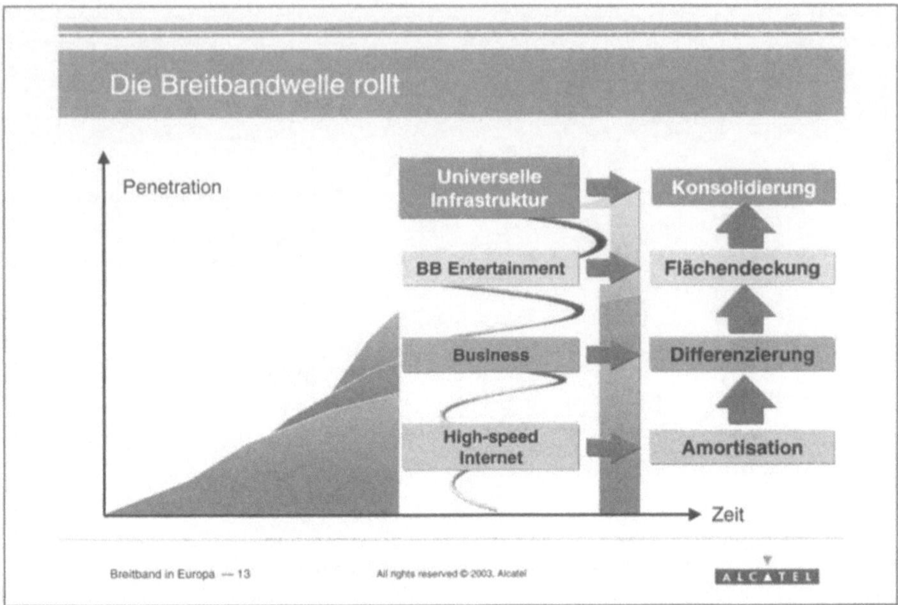

Bild 8

Bei genauerer Betrachtung gliedert sich die Breitbandwelle in drei Teilwellen.
Angefangen hat es mit dem schnellen Internetzugang: High Speed Internet ist ganz
klar der erste und auch der massivste Treiber, der zu einer Amortisation der eingesetzten Mittel führen sollte. Die zweite Teilwelle ist der Geschäftskundenzugang
und die Nutzung auch für kleine und mittlere Unternehmen – damit wird eine Differenzierung des Portfolios ermöglicht. Als dritte Teilwelle sehen wir „Broadband
Entertainment". Über die breitbandige Unterhaltung kann die Nutzungsrate erheblich gesteigert werden, da neue und größere Zielgruppen erreicht werden.

Schließlich läuft die Entwicklung auf eine universelle Infrastruktur hinaus, mit der
alle Dienste angeboten werden können – auch die, die jetzt auf anderen Infrastrukturen laufen.

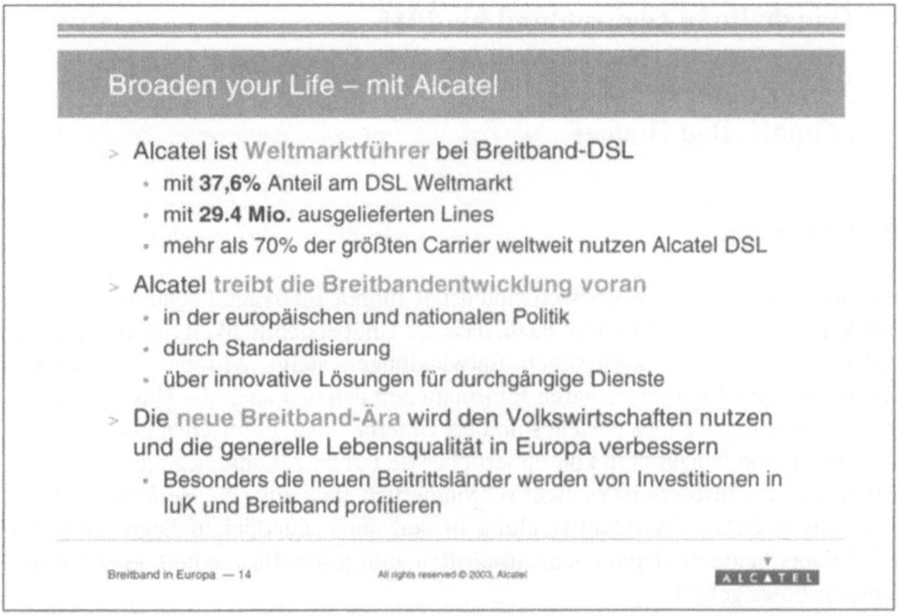

Bild 9

Als Weltmarktführer in der DSL-Technologie treibt Alcatel die Breitbandentwicklung massiv voran (Bild 9). Wir setzen uns in allen Gremien dafür ein, dass die Nutzung steigt und sind überzeugt davon, dass Breitband nicht nur zu einer Verbesserung der Lebensqualität, sondern auch zu einer Verbesserung der wirtschaftlichen Bedingungen und letztendlich zu einem vernünftigen Wachstum führen wird – auch wenn es schwierig ist, dieses exakt zu beziffern.

2.2 Die Entwicklung der breitbandigen Internetnutzung privater Haushalte in Deutschland bis 2015

Dr. Franz Büllingen
WIK GmbH, Bad Honnef

Vorbemerkung

In Märkten mit hoher Wettbewerbsintensität führen Innovationsdynamik, zunehmende Komplexität und Vielfalt dazu, dass die Unübersichtlichkeit hinsichtlich der weiteren mittel- und langfristigen Entwicklungen steigt. Mit der wachsenden Unvollständigkeit von belastbaren Informationen nehmen auch die Unsicherheiten bei Entscheidungen zu. Es besteht somit bei Unternehmen, politischen Institutionen, Anwendern und Nutzern ein kontinuierlicher Bedarf an zukunftsbezogenem Orientierungswissen. Insofern ist es nicht verwunderlich, dass etwa die Berichterstattung über Prognosen zur Marktentwicklung in den unterschiedlichen Segmenten des IKT-Sektors heute in vielen Fachzeitschriften zum festen Bestandteil des Informationsangebotes gehört.

Unsere Prognose zur Entwicklung der breitbandigen Internetnutzung privater Haushalte in Deutschland bis zum Jahr 2015, die 2002/2003 im Rahmen einer Untersuchung für die Regulierungsbehörde für Telekommunikation und Post (RegTP) durchgeführt wurde, soll vor diesem Hintergrund einen Beitrag leisten, die Rahmenbedingungen für die weitere Diffusion von breitbandigem Internetzugang zu beschreiben, die Erwartungen der Akteure an die Marktentwicklung abzubilden und hierauf aufbauend eine Abschätzung der künftigen Entwicklungsperspektiven zu geben. Da deutsche Unternehmen im internationalen Vergleich bei einer Penetrationsrate von 97% bei der Internetnutzung mit führend sind, fast 80% über eine eigene Homepage verfügen und ein beträchtlicher Teil von ihnen bereits über Mietleitungen bzw. DSL breitbandig an das Internet angeschlossen ist, beschränkt sich unsere Prognose auf die Nachfrage der privaten Haushalte (vgl. Bild. 1).

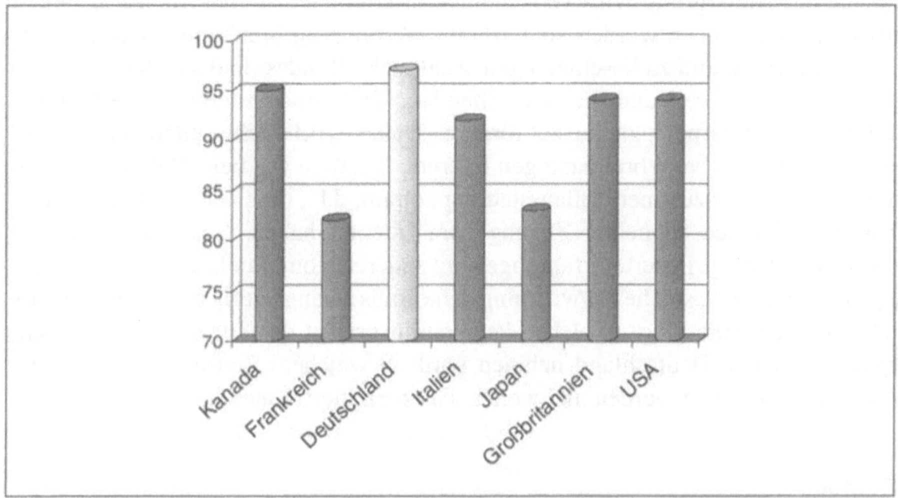

Bild 1 Unternehmen mit Internetzugang im internationalen Vergleich (2002)

Generell sind die Erwartungen an die Diffusion breitbandiger Internetzugänge in Hinblick auf ihren ökonomischen und gesellschaftlichen Nutzen hoch und immer mehr Studien enthalten empirische Hinweise, dass diese Erwartungen offenkundig gerechtfertigt sind (vgl. z.B. ITU (2003), Birth of Broadband, Geneva).

- Der IKT-Sektor in Ländern mit einer hohen Breitband-Penetrationsrate hat die Krisenentwicklung der letzten Jahre wesentlichen besser überstanden als Länder mit einer geringen Marktdurchdringung. So lagen die Zuwachsraten des IKT-Sektors z.B. in Süd-Korea oder Hong Kong um den Faktor drei höher als im globalen Durchschnitt.
- Unternehmen mit breitbandigem Zugang – insbesondere kleine und mittlere – sind wesentlich effizienter bei der Informationsbeschaffung und der Nutzung des Internet als Vertriebskanal und werden in die Lage versetzt, Kosten sparend Voice over IP oder Telearbeit einzusetzen.
- Bezogen auf den Arbeitsmarkt werden im IKT-Bereich mehr Arbeitsplätze geschaffen als in anderen Branchen, es entstehen neue Berufsbilder und ein hoher Anteil von Stellen wird inzwischen über das Internet vermittelt.
- Für TK-Anbieter und Internetdienstleister ist breitbandiges Internet von Vorteil, da der Durchschnittserlös pro Nutzer (ARPU) etwa bei E-Commerce im Durchschnitt um mehrere Faktoren höher liegt als in Ländern mit einer geringen Penetration, wie das Beispiel Süd-Korea zeigt.
- Für die privaten Haushalte bedeutet Breitband-Internet nicht nur ein höheres Maß an Konvenience und Zeitersparnis, sondern es bedeutet zugleich auch einen starken Anreiz, bestehende Informations- und Dienstangebote wesentlich intensiver zu nachzufragen und somit den Zusatznutzen zu steigern.

Vor diesem Hintergrund wird verständlich, dass in nahezu allen Industrieländern Initiativen angestoßen worden sind, um die Verbreitung breitbandiger Internetzugänge zu fördern und zu beschleunigen. Zahlreiche Bundes- und Länderaktivitäten wie D21 oder die Breitband-Initiative Rheinland-Pfalz sind bestrebt, die Verbreitung breitbandiger Internetzugänge zu fördern. Dabei wird nicht selten davon ausgegangen, dass es beim breitbandigen Internet – ähnlich wie beim Telefon – schon in wenigen Jahren zu einer Vollausstattung kommt, d.h., dass fast alle Haushalte in Deutschland einen schnellen Zugang zum Internet haben. Solchen Annahmen stehen empirisch gesicherte Erfahrungen mit anderen Kommunikationsdiensten entgegen, wonach eine solche Entwicklung keinesfalls zwangsläufig eintreten muss. Es stellt sich daher die Frage, welchen Penetrationsverlauf der Zugang zum breitbandigen Internet in Deutschland nehmen wird, in welchem Zeitrahmen bestimmte Marktanteile erreicht werden und welche Faktoren hierfür ausschlaggebend sind.

Methodik

Da für eine einfache Extrapolation der bestehenden Trends zu wenig Daten bzw. Zeitreihen zur Verfügung standen, wurde auf ein qualitatives, disaggregiertes Verfahren zurückgegriffen (vgl. Bild 2). Hierzu wurden in einem ersten Schritt die wesentlichen Deskriptoren der Rahmenbedingungen für die Nachfrage nach breitbandigem Internet wie z.B. die demographische Entwicklung, die Wettbewerbsintensität, die Innovationsdynamik, die Verfügbarkeit von Anwendungen, das Nutzungsverhalten, der Regulierungsrahmen etc. identifiziert, die für die künftige Entwicklung der Penetration entscheidende Einflussfaktoren bilden. Zu jedem dieser Deskriptoren wurden drei Ausprägungen mit einem negativen, einem stagnierenden und einem positiv wachsenden Verlauf formuliert. Zu jedem dieser Verläufe wurde im Anschluss eine Abschätzung der jeweiligen Eintrittswahrscheinlichkeit vorgenommen und danach eine Trendaussage formuliert.

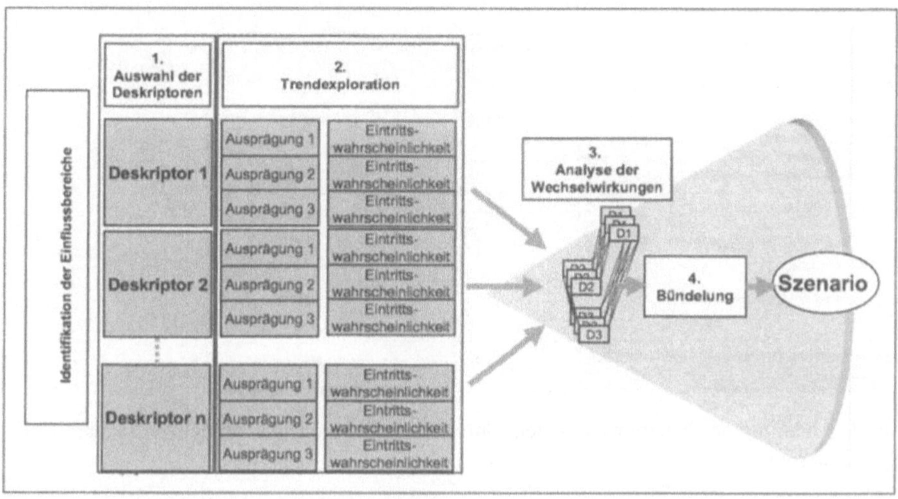

Bild 2 Explorative Szenariotechnik

In einem 3. Schritt wurden die möglichen Wechselwirkungen der durch die Deskriptoren beschriebenen Entwicklungen auf ihre Konsistenz hin geprüft und abschließend zu einem Szenario gebündelt. Auf die Entwicklung von Alternativszenarien (mit ausgeprägten positiven bzw. ausgeprägten negativen Annahmen) wurde verzichtet. Alle Schritte, Annahmen und Wertungen wurden iterativ durch Expertengespräche begleitet und validiert. Besonders relevante Beispiele für Einflussfaktoren bilden über die bereits o.g. Deskriptoren hinaus die Nutzerakzeptanz (1), die Kosten bzw. Preise (2), die Ausstattung mit Personal Computern (3) sowie der Wettbewerb der Übertragungsplattformen (4), die im folgenden exemplarisch beleuchtet werden sollen.

Nutzerakzeptanz

Hierzu gehören u.a. der konkrete Zusatznutzen einer hochbitratigen Internetverbindung und die Akzeptanz dieses Dienstes. Empirische Erhebungen z.B. der amerikanischen Regulierungsbehörde FCC (2002) verdeutlichen den erheblichen Zusatznutzen, den die Migration eines Schmalband-Zugangs (analog/ISDN) nach DSL bei den privaten Haushalten induziert (vgl. Tab. 1). Die in die Prognose eingeflossene Trendaussage lautet: Breitbandiger Internetzugang erhöht die Akzeptanz und die Zahlungsbereitschaft für attraktive Dienste und treibt die Nachfrage.

Das Internet hat sich bewährt bei	Breitband-Nutzer	ISDN / Analog-Nutzer
Möglichkeiten, neue Dinge zu lernen	86%	73%
der Art, Hobby oder andere Interessen intensiver zu verfolgen	65%	48%
den Möglichkeiten, einzukaufen	65%	42%
den beruflichen Möglichkeiten	55%	38%
der Suche nach Informationen (Reisen, Wetter etc.)	47%	41%
der Verwaltung der persönlichen Finanzen	42%	25%
den Möglichkeiten, soziale Netzwerke zu verbessern	31%	23%

Tab. 1 Änderung des Nutzungsverhaltens durch Migration von schmalbandigem zu breitbandigem Internet

Kosten/Preise

In Hinblick auf die Preise bzw. Kosten für breitbandigen Internetzugang bewegt sich Deutschland im internationalen Vergleich auf niedrigem Niveau. Die hohe Penetration bei DSL kann als ein Indikator für die Preiselastizität der Nachfrage betrachtet werden. Die entsprechende Trendaussage besagt: Auch wenn künftig Flatrates möglicherweise nicht mehr angeboten und vollständig durch Volumen basierte Tarifmodelle ersetzt werden sollten, werden die Preise bezogen auf die Durchschnittseinkommen der Haushalte nicht oder nur geringfügig steigen (vgl. Bild. 3). Auch dieser Faktor wirkt treibend auf die künftige Nachfragesituation.

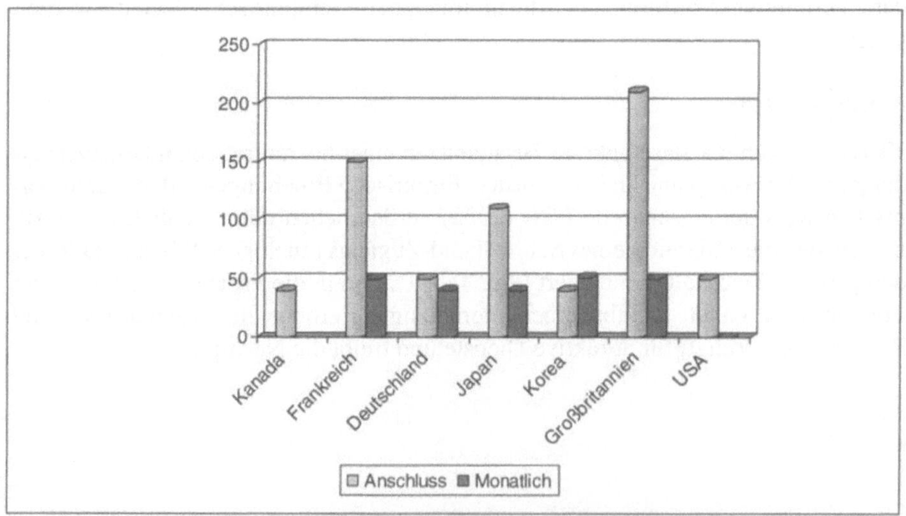

Bild 3 Kosten für breitbandigen Internetzugang im internationalen Vergleich

Ausstattung mit Personal Computern

Ein wesentlicher Faktor stellt neben dem heute bereits erreichten Niveau der Breitbandpenetration insbesondere auch die Ausstattung privater Haushalte mit Personal Computern als dem heute dominierenden Zugangsmedium dar. Da eine Konvergenz der Endgeräte PC und Fernsehen für relativ unwahrscheinlich erachtet wird, wird der PC auch in Zukunft das Mittel der Wahl beim Internetzugang sein. Märkte mit hoher PC-Penetration haben jedoch inzwischen eine Sättigung erreicht oder verzeichnen wie z.B. in Schweden oder im Vereinigten Königreich in 2002 sogar einen Rückgang. Unsere Trendaussage lautet daher: Die Marktsättigung bei PCs liegt auch langfristig deutlich unter 90%, eine Vollversorgung wird nicht erreicht (vgl. Bild 4).

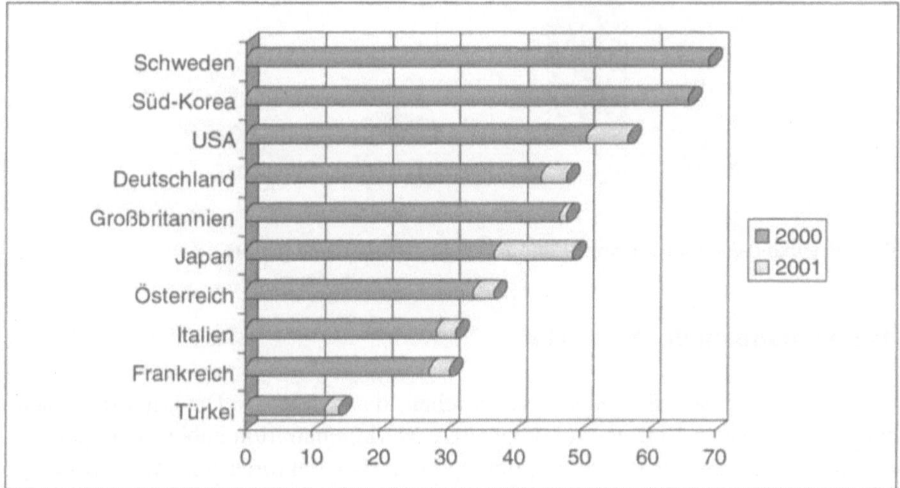

Bild 4 PC-Penetration in Privathaushalten im internationalen Vergleich

Wettbewerb der Übertragungsplattformen

Ein weiterer wichtiger Faktor für die Breitbandpenetration ist zum einen der intramodale Wettbewerb, der bei DSL bei einem Marktanteil der DTAG von 93% nur gering ausgeprägt ist. Auch der intermodale Wettbewerb findet bei einer derzeit nur sehr geringen Verbreitung von rund 100.000 Kabelmodems praktisch nicht statt. Allerdings geht die Kabelnetzbranche davon aus, dass schon 2008 der überwiegende Teil der Kabelnetze digitalisiert und mit einem Rückkanal ausgestattet ist. Sollte die Kabelbrache die Investitionsdynamik erhöhen und das bestehende Fernsehangebot durch ein Angebot für breitbandigen Internetzugang ergänzen, so wird hiervon ein starker Wettbewerbsdruck auf das DSL-Angebot ausgehen. Die Beispiele Süd-Korea, Österreich, Belgien oder die Niederlande verdeutlichen, dass der Wettbewerb zwischen den Übertragungsplattformen mit entscheidend für das dort erreichte hohe Penetrationsniveau war. Die Trendaussage im Rahmen dieser Prognose lautet: DSL

wird in Deutschland bis auf weiteres die dominante Breitband-Übertragungsplatt-
form bleiben. Sollte die – allerdings mit großen Unsicherheiten behaftete – Ankündigung der Kabelnetzbranche Realität werden, so wird ein nicht unbeträchtlicher
Marktanteil künftig auf den Zugang über Kabelmodems entfallen (vgl. Bild 5).

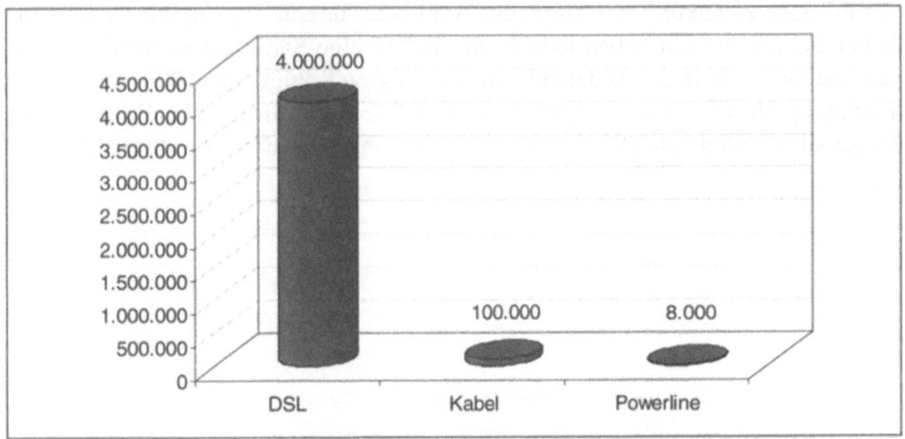

Bild 5 Breitband-Internet-Zugänge Ende 2003 (geschäftlich und privat)

Grundannahmen des Szenarios

Die vorangegangenen Beispiele verdeutlichen, dass viele der Deskriptoren einen
eindeutig treibenden Einfluss auf die weitere Marktpenetration haben (vgl. Tab. 2).
So nimmt zu Einen die Bedeutung demographischer Faktoren wie Alter, Bildung
oder Geschlecht für die Internetnutzung kontinuierlich ab, d.h., es kommt zu einer
demographischen Normalisierung. Zum Zweiten nimmt die Zahl der Haushalte insbesondere in den urbanen Regionen kontinuierlich zu und steigt bis 2015 nach
unseren Schätzung auf rund 40 Mio. an. Damit nimmt das Marktpotenzial zwischen
5 und 10% zu. Zum Dritten werden auch in den kommenden Jahren die Kommuni-
kationsbudgets leichte Zuwachsraten aufweisen und die Zahlungsbereitschaft
zunehmen. „Internet for free" wird zunehmend der Vergangenheit angehören. Die
durchschnittliche Geschwindigkeit der Internetzugänge wird im Zeitablauf ebenfalls zunehmen und die Bequemlichkeit und Akzeptanz erhöhen. Durch geschickte
Marketingstrategien wie etwa die Bündelung von Diensten (z.B. mit VoIP) kann die
Marktdurchdringung weiter vorangetrieben werden. Schließlich wird, wie oben
bereits angesprochen, der intramodale sowie der intermodale Wettbewerb nach den
Erwartungen mancher Experten allmählich zunehmen und einen wesentlichen Einfluss auf die Penetrationsrate entfalten.

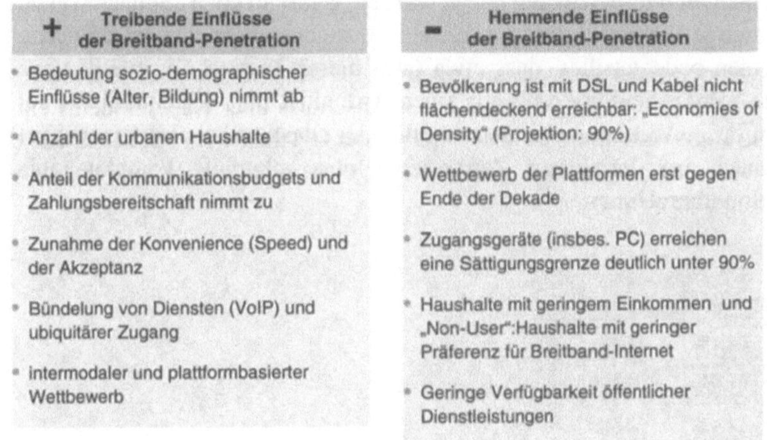

Tab. 2 Annahmen zu Treibern und Hemmnissen der Breitband-Internet-Penetration

Neben den positiven Treibern existieren jedoch auch eine ganze Reihe von Einfluss-faktoren mit mehr oder minder stark ausgeprägtem inhibierenden Charakter. So ist die Bevölkerung auch in Zukunft weder über DSL noch mit Breitbandkabel flächen-deckend erreichbar. Economies of Density bedingen, dass manche suburbanen sowie ländlichen Regionen auch in Zukunft nur zum Teil einen kostengünstigen breitbandigen Zugang haben werden. Eine große Unsicherheit geht ferner davon aus, wann und in welcher Breite der Wettbewerb zwischen den Übertragungsplatt-formen einsetzen wird.

Auch die Penetration der Zugangsgeräte stellt ein Hemmnis dar, da nicht alle Haus-halte in 2015 über einen PC verfügen werden. Ein beträchtlicher Teil von Haushalten mit geringem Einkommen sowie ein bleibender Kern von „Non-Usern" mit geringer Nutzungspräferenz für das Internet senkt die Penetrationsrate weiter ab. Schließlich vermindert die in Deutschland bislang noch geringe Verfügbarkeit von elektroni-schen öffentlichen und z.T. auch privaten Dienstleistungen den Anreiz zur Nutzung breitbandiger Zugänge nachhaltig. Deutschland nimmt z.B. bei E-Government, E-Procurement oder E-Health-Diensten im Vergleich mit anderen Industrienationen einen der hinteren Ränge ein.

Ergebnisse

In einer abschließenden Kalkulation wurden alle Annahmen, Zwischenergebnisse und Trendaussagen gebündelt und Schritt für Schritt in ein Zahlenwerk „übersetzt" (vgl. Tab. 3). In Hinblick auf das Marktvolumen wird es danach im Jahr 2015 in Deutschland rund 31,8 Mio. Internetzugänge geben. Etwa 28,8 Mio. Anschlüsse davon werden breitbandig sein. Dies bedeutet, dass mehr als zwei Drittel aller Haushalte einen schnellen Internetzugang haben werden, während etwa 8% nach wie vor eine schmalbandige Verbindung nutzen werden. Bezogen auf die einzelnen Übertragungsplattformen bedeutet dies, dass etwa 64% dieses Marktes über DSL angeschlossen sein werden und gut 31% auf einen Anschluss über Kabelmodems entfallen. Hochbitratige Verbindungen über Satellit oder Glasfaserkabel (FTTC/FTTH) werden demnach im definierten Zeithorizont eine allenfalls komplementäre Nischenfunktion übernehmen.

2015	Marktanteil	Kundenzahl
DSL	64,1%	18.46
Kabel	31,6%	9.10
Satellit	2,4%	0.69
Sonstige	1,9%	0.55

Tab. 3 Eckdaten des Breitband-Szenarios

Der größte Unsicherheitsfaktor bei den Annahmen zur künftigen Marktpenetration besteht hinsichtlich der Entwicklungen im Markt der Breitbandkabelnetze. Sollten insbesondere die Kabelnetzbetreiber auf der Netzebene 3 so zurückhaltend agieren wie bisher und die Branche insgesamt weniger in die Netzumrüstung investieren als angekündigt, so wird sich dies nicht nur besonders nachteilig auf die Marktpenetration von Kabelmodems auswirken, sondern auch auf das Gesamtvolumen des Marktes.

In Hinblick auf die Penetrationsgeschwindigkeit wird davon ausgegangen, dass im Jahr 2005 rund 20% der bundesdeutschen Haushalte einen breitbandigen Internetzugang haben werden, während die Penetrationsrate für das Jahr 2010 auf etwa 56% geschätzt wird. Vergleicht man die Geschwindigkeit der Marktdurchdringung mit anderen modernen Kommunikationstechnologien wie z.B. dem Mobilfunktelefon, so ist festzustellen, dass das breitbandige Internet zum Erreichen vergleichbarer Penetrationsraten nur halb solange benötigt hat wie das Handy: Für das Erreichen einer Penetrationsrate von 10% vergingen etwa 4 Jahre, während diese Zahl beim Handy rund 8 Jahre beträgt. Für eine 50%ige Marktpenetration werden unter Trendbedingungen voraussichtlich etwa 8 Jahre benötigt, während beim Handy 15 Jahre ins Land gegangen sind, um einen ähnlich hohen Prozentsatz zu erreichen (vgl. Bild 6).

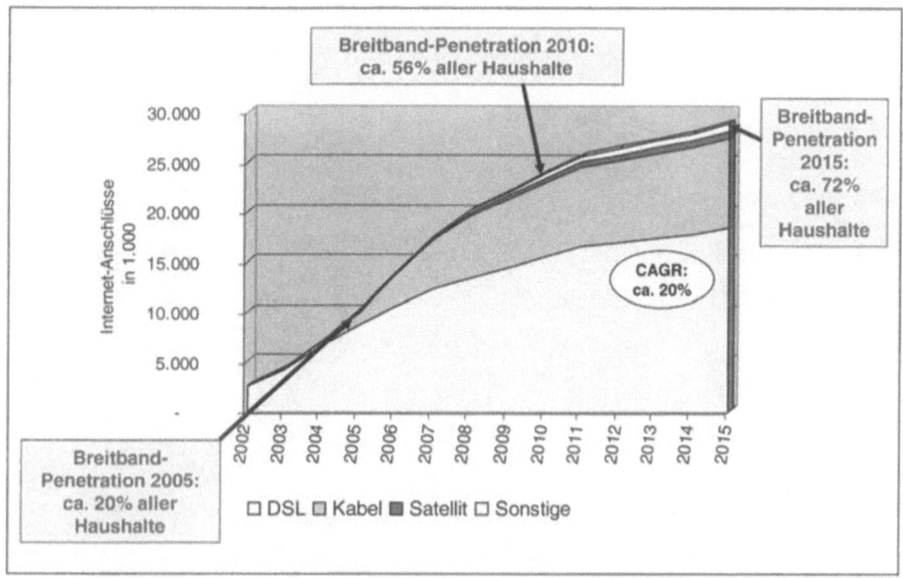

Bild 6 Penetration breitbandiger Internetzugänge bis 2015

Fazit

Bei Fortschreibung der heutigen Entwicklung wird Deutschland beim Zugang zum breitbandigen Internet bis zum Jahr 2015 einen Platz im internationalen Mittelfeld erreichen. Dennoch erfolgt die Marktdurchdringung schneller Internetzugänge wesentlich schneller als bei PCs und auch doppelt so schnell wie z.B. beim Mobilfunktelefon. Viele Anzeichen weisen darauf hin, dass der intramodale sowie der intermodale Wettbewerb der Übertragungsplattformen zu den stärksten treibenden Kräfte gehören. Vor diesem Hintergrund bildet die Umrüstung der deutschen Breitbandkabelnetze zugleich auch den größten Unsicherheitsfaktor dieses Szenarios. Bleibt die reale Entwicklung hinter der Erwartung der Branchenexperten zurück, so hat dies auch stark negative Auswirkungen auf die Gesamtpenetration.

Daneben kommt der Nachfrage der privaten Haushalte eine hohe Bedeutung für die Markterschließung zu: Bei einer Internetpenetration von insgesamt etwa 80% wird offenbar die Grenze der Marktsättigung erreicht, die nur bei niedrigen Anschluss- und Nutzungskosten, hoher Bequemlichkeit, hochwertigen Angeboten sowie unkompliziertem Zugang zu privaten und insbesondere öffentlichen Dienstleistungen noch wird überschritten werden können.

3 Breitband-Infrastrukturen

3.1 WLAN – Die nächste Herausforderung für Netzbetreiber

Dr. Beat Perny
Swisscom AG, Innovations, Bern

Kaum hat sich der ATM/IP-Streit zwischen den Bellheads und den Netheads einigermassen gelegt, stehen die Netzbetreiber vor der nächsten Herausforderung: WLAN!

Das Internet hat mit der Killerapplikation WWW und einem für die Netzbetreiber noch heute nicht überzeugenden Geschäftsmodell, einen unvergleichbaren Siegeszug angetreten und die Bellheads im Schatten stehen lassen. Wie das Internet, ist WLAN wieder eine neue Herausforderung, die ihren Ursprung in einer anderen Branche als der Telekommunikaton hat, nämlich der IT-Industrie. Das ist typisch für disruptive Technologien, sie kommen überraschend, nicht aus dem gewohnten Geschäft, man rechnet nicht damit und man hat ganz andere Strategien. Zum Beispiel UMTS. WLAN und die noch anstehenden technischen Probleme von UMTS haben die Pläne der Netzbetreiber stark durcheinander gebracht. Entsprechend wichtig ist es daher, die 3G-Strategie an das Moving Target anzupassen und zu handeln. WLAN ist als drahtlose Anschlusstechnologie entsprechend neben UMTS zu positionieren und in das Accessportfolio einzubinden.

Im Vortrag wird versucht WLAN im Vergleich zu anderen Technologien bezüglich der langfristigen Bedeutung zu positionieren. Die Begründung dafür wird anhand wichtiger Trends erklärt und dabei auf die zukünftige Herausforderung der Netzbetreiber eingegangen. Es wird weiter über einige laufende WLAN Aktivitäten bei Swisscom eingegangen.

Positionierung und Bedeutung von WLAN

Sehr häufig wird WLAN einfach mit einem drahtlosen, Ethernet basierten LAN verglichen. Das ist sicher richtig, aber ein WLAN wird in Zukunft dem Endnutzer viel mehr bringen als nur ein kabelfreies Büro.

Wir wissen heute alle, einfacher Zugang zum Internet ist die Killerapplikation per se. Die Technologie, die sie ermöglicht hat heisst „www" und ist vor genau zehn Jahren entstanden. Mit der Einführung des World Wide Webs, in der damaligen Form des Browsers von Mosaic, ist das Internet, das bis dahin praktisch nur von Physikern an

Universitäten und Forschungslabors benutzt wurde, für den Massenmarkt benutzbar geworden.

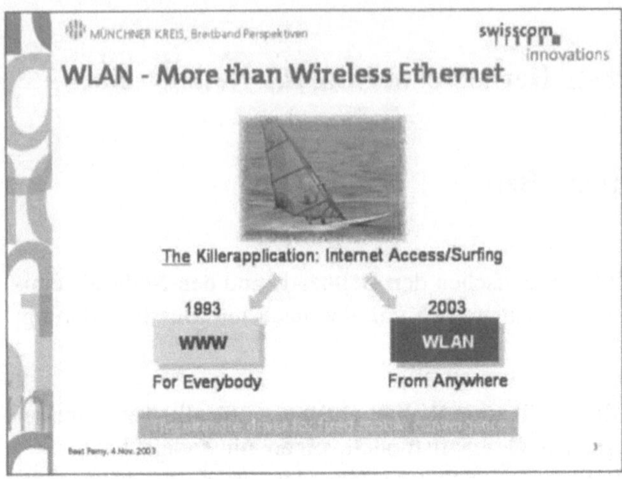

Bild 1

Wir haben heute mit WLAN eine neue Technologie, die wir mit einem ähnlich zu erwartenden Einfluss positionieren können, wie das World Wide Web. Wirless LANs werden uns nicht nur kabellose Büros bescheren, sondern WLANs haben das Potenzial, das Internet von überall zugänglich zu machen (Bild 1). WLAN kann heute ganz klar als der Treiber für das mobile Internet bezeichnet werden. Mit WLAN werden schon bald nomadische oder nahezu mobile Dienste möglich, die mit UMTS nur sehr beschränkt gemacht werden können, da schlicht und einfach die Bandbreite zu gering ist. WLAN wird uns also den Zugang zu wirklichen Breitbanddiensten ermöglichen, auch wenn wir nicht zu Hause oder im Büro sind. Wir müssen heute deshalb WLAN als den Treiber für die Fix-Mobilkonvergenz ansehen. Es ist absehbar, dass der Einfluss für die Netzbetreiber nicht nur marginal, sondern dramatisch sein wird, etwa wie das bei der Digitalisierung, der Einführung der Glasfasern und der Mobilkommunikation der Fall war.

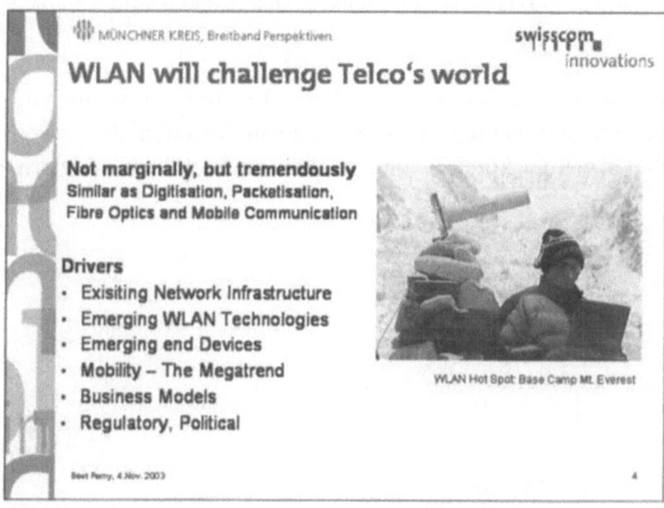

Bild 2

Es gibt heute unaufhaltbare Treiber oder Trends, die dafür sorgen, dass WLAN nicht einfach eine Blase sein wird, die schon bald platzen und klanglos wieder verschwinden wird, sondern nachhaltige Änderungen im Telekommunikationsgeschäft bewirken wird (Bild 2). Es sind dies:

(1) Die heute absehbare Entwicklung der Mobil- und Festnetzinfrastrukturen,
(2) die neuen WLAN Standards und deren Anwendungen,
(3) die Möglichkeiten der zukünftigen Endgeräte,
(4) die Mobilität der Menschen als Megatrend,
(5) die Geschäftsmodelle und
(6) die regulatorischen und politischen Einflüsse.

Der Umgang mit diesen Trends und den daraus resultierenden Konsequenzen stellt für die Netzbetreiber eine besondere Herausforderung dar, wird es doch ihr Kerngeschäft betreffen. Ich werde im nachfolgenden auf die einzelnen Trends eingehen.

WLAN Trends und Herausforderungen für die Netzbetreiber

Heute absehbare Entwicklung der Mobil- und Festnetzinfrastrukturen

Im mobilen und drahtlosen Bereich sehen wir heute einen klaren Trend zu kleineren Zellen bei steigender Bandbreite. Die Entwicklung geht vom schmalbandigen GSM Netz, über das UMTS Netz (UMTS TDD, HSDPA, …), eventuell über Fixed-Broadband Wireless Technologien wie den IEEE Standard 802.16e, der auch Mobilität unterstützt, über Public WLAN Netze (802.11b,a,g, …) und vielleicht schon bald einmal über Ultra Wide Band (UWB) Netze mit höchsten Bandbreiten bei Distanzen von einigen Metern.

Damit können in Zukunft drahtlose, mobile, IP basierte Dienste auch breitbandig angeboten werden. Das heisst, breitbandige Dienste werden in Zukunft nicht nur von Festnetzanbietern angeboten werden können, sondern auch von Mobilnetzanbietern.

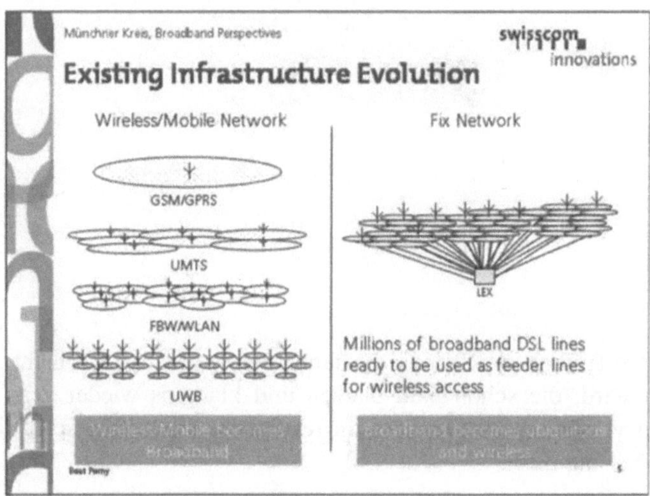

Bild 3

Betrachten wir die Entwicklung im Festnetz, so ist heute absehbar, dass breitbandige Anschlüsse schon bald so häufig vorkommen werden, wie der traditionelle Telefonanschluss (Bild 3). Vermehrt werden diese Breitbandanschlüsse drahtlose weiterverbreitet, heute ist das mittels WLAN, in 5 Jahren ist es vielleicht UWB. Das bedeutet, die letzen Meter des Anschlussnetzes werden drahtlos und breitbandig. Breitband wird dadurch fast überall vorhanden sein! IP basierte Datendienste können so auch vom Fixnetzbetreiber nahezu mobil oder immerhin nomadisch angeboten werden. Mobilität wird als nicht mehr zum typischen Differenzierungsfaktor des Mobilnetzbetreibers.

Aus diesen Trends ist heute absehbar, dass die Zukunft einerseits im drahtlosen Netzzugang ist und auf der anderen Seite in einer breitbandigen Festnetzinfrastruktur. Und gerade hier liegt die grosse Herausforderung für die Netzbetreiber. Denn das drahtlose Anschlussnetz muss nicht im Besitz der Netzbetreiber sein und wie man mit der Bandbreite Geld verdienen kann ist nicht so klar. Sie werden sehr hohe Bandbreiten zu günstigen Preisen anbieten müssen, damit Breitbanddienste überhaupt wirklich angeboten werden können. Gleichzeitig müssen sie sich als Anbieter von IP basierten Mehrwertdiensten in der offenen IP-Welt positionieren.

Die Zukunft ist im Festnetz und im drahtlosen Anschluss

Die fortschreitende Digitalisierung wird immer mehr nach höheren Bandbreiten für den Datenaustausch verlangen. Die IT Industrie hat in den letzten 20 Jahren, gemäss dem bekannten Moor'schen Gesetz, die Speicherkapazitäten um Grössenordnungen verbessert. Und, die Computer sind immer günstiger geworden. Mehr für weniger!

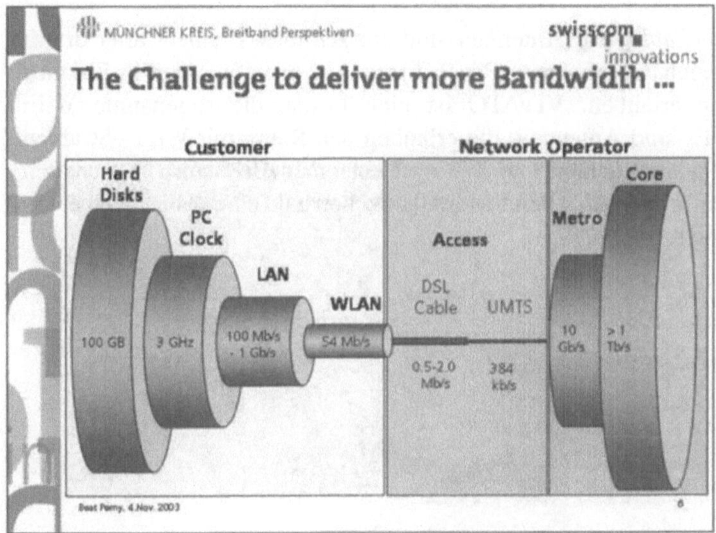

Bild 4

Auf der anderen Seite haben Glasfasern und optische Übertragungstechnologien zu riesigen, günstigen Kapazitäten in den Fernbereichs- und Metronetzen geführt (Bild 4). Im Anschlussbereich war die Entwicklung viel bescheidener. Gründe dafür sind nur teilweise technische Einschränkungen. Im liberalisierten Umfeld wird es für die traditionellen Netzbetreiber eine grosse Herausforderung sein, sich in der Breitbandwertschöpfungskette zu positionieren und nicht einfach zum reinen „Bit-Mover" zu werden. Einen wesentlichen Teil werden die Netzbetreiber selbst erbringen müssen, Regulator und Politik müssen aber das Umfeld so gestalten, dass Anreize für Investitionen in das Anschlussnetz vorhanden sind.

Neue WLAN Standards und deren Anwendungen

Ich möchte im Folgenden auf vier wichtige Trends eingehen: die WLAN Standards, neue Antennentechnologien, Meshnetze oder Multihopnetze und Multiband Radio-Empfängerchips (Bild 5).

a) *WLAN Standards*: Die WLAN Standards entwickeln sich in einer ähnlichen Art wie sich das Internet entwickelt hat: Grow as you go! Die Probleme werden vorweg gelöst, Spezifikationen entstehen sehr schnell, schneller als man sich dies aus der Welt der Carrier gewöhnt ist. Die beste Lösung setzt sich schnell durch und wird von den anderen Herstellern übernommen. Die neuen Standards werden noch höhere Bandbreiten unterstützen, 100 Mb/s sind angekündigt, Sicherheitsproblem werden gelöst (802.11i) und Quality of Service, sowie Class of Service Funktionalitäten (802.11e) sind nicht mehr allzu weit weg. WLAN wird besser und besser – oder noch besser als es heute schon ist!

b) *Neue Antennentechnologien*: Antennen sind ein zentrales Element aller draht-losen Netztechnologien. Sogenannte „Phase Array Antennen" werden in Zukunft neue Anwendungen erlauben. VIVATO ist eine Firma, die sogenannte WiFi Switches herstellt. Es sind Antennen, die erlauben den Raum mit WiFi –Strahlen sozusagen selektiv auszuleuchten und WiFi zu einzelnen Benutzern zu schalten (Fähigkeit des Beamforming). Vielleicht wird dies schon bald einmal eine Reihe von neuen Anwendungen erlauben.

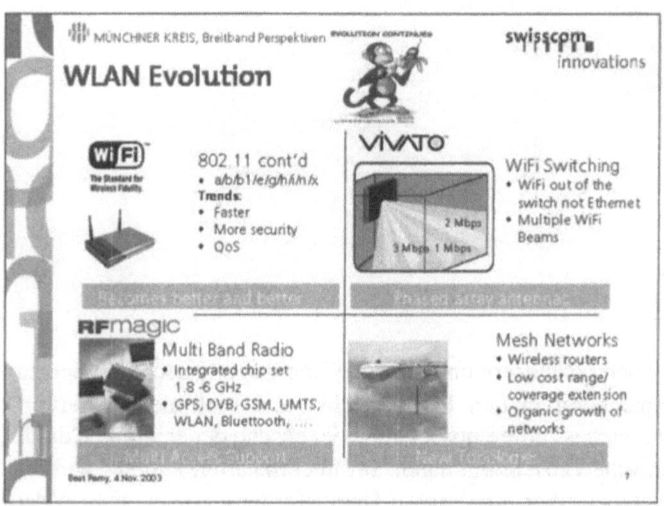

Bild 5

c) *Meshnetworks*: Oder sogenannte Multihopnetze, werden erlauben, Netze orga-nisch wachsen zu lassen, in dem Endgeräte zu Netzelementen werden. WLAN Hot-spots werden so einmal kostengünstig in Hotzonen ausgedehnt werden können, da nicht mehr jeder Accesspoint einen verkabelten Netzanschluss haben muss.

d) *Multiband Radiochipsets*: Verschiedenste Hersteller versuchen heute Chips her-zustellen, auf denen mehrere Radiotechnologien integriert sind. Wir können davon ausgehen, dass in Zukunft viele der Radiotechnologien, wie GSM, EDGE, UMTS, WLAN, Bluetooth, GPS, und DVB-H, in wenigen Chips integriert sein werden. Dies ist eine optimale Voraussetzung zu rein Software gesteuerten Radioempfängern. Für den Benutzer bedeutet dies einfach, dass die Anschlusstechnologie völlig transparent wird.

Dies sind nur vier Beispiele für zukünftige Entwicklungen im WLAN Bereich, man könnte noch viele hinzufügen. Die Industrie macht heute gewaltige Investitionen in die Entwicklung von WLAN Technologien, so dass wir noch überrascht sein werden, was auf uns zukommt.

Das Chaos der Wireless Standards

Es wird heute an einer Vielfalt von Standards gearbeitet. Dabei werden Netze für den Personal Area Network (PAN), Local Area Network (LAN), den Metropolitan Area Network (MAN) und Wide Area Network (WAN) spezifiziert werden (Bild 6).

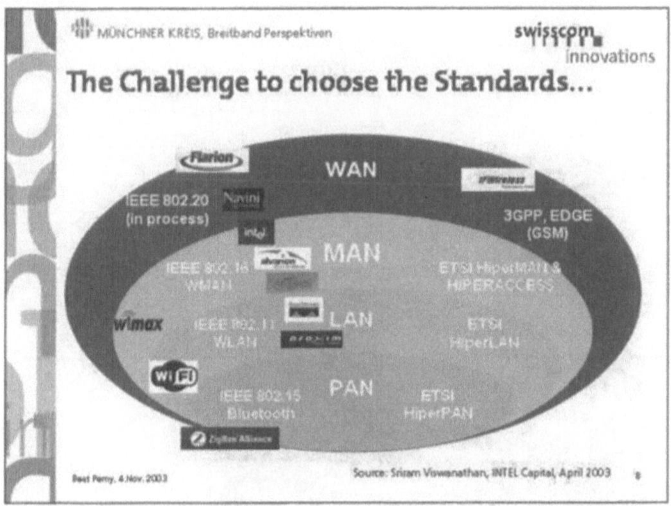

Bild 6

Viele der Standards, wie beispielsweise 802.16 und 802.20 sind heute noch stark in Entwicklung und deren Anwendung ist noch unklar. Nicht alle namhaften Firmen unterstützen auch alle Standards, aber es haben sich schlagkräftige Allianzen gebildet, wie etwas das WiMax-Forum, dass 802.16 zum Durchbruch verhelfen soll, sowie das das WiFi- Forum mit 802.11 gemacht hat. Je mehr sich UMTS verzögert umso mehr gefährden aufkommende Konkurrenzlösungen die zukünftige Rentabilität von UMTS. WLAN war die erste Gefahr und wird es auch bleiben. Ein UMTS case ohne Berücksichtigung von WLAN macht heute sicher nicht sehr viel Sinn.

Es ist heute überhaupt nicht klar, welche dieser Technologien sich durchsetzen werden. Sie sind teilweise ergänzend (802.16 und 802.20) und teilweise überlappend (z.B. WLAN und Bluetooth, UMTS und 802.20). Ein Netzbetreiber muss aber sicher davon ausgehen, dass ein zukünftiges Service Portfolio eine Vielfalt von Anschlusstechnologien unterstützen muss, weil wahrscheinlich keine Technologie alle Dienste überall unterstützen kann.

WLAN Sicherheit – Ein Killer ?

Die Sicherheit von WLAN Netzen ist heute immer noch das häufigste Argument gegen WLAN (Bild 7). Gerade Firmen benutzen deswegen WLAN noch nicht so stark. In den meisten Fällen sind Sicherheitsprobleme aber selbstverschuldet, das heisst minimalste Sicherheitsmassnahmen, die von jedem Hersteller empfohlen werden, werden von den Nutzern nicht beachtet. Ein neuer, unkonfigurierte WLAN Accesspoint ist wie eine offene Haustüre. Die WLAN Wardriving crews können ein Lied davon singen (www.worldwidewardrive.org)

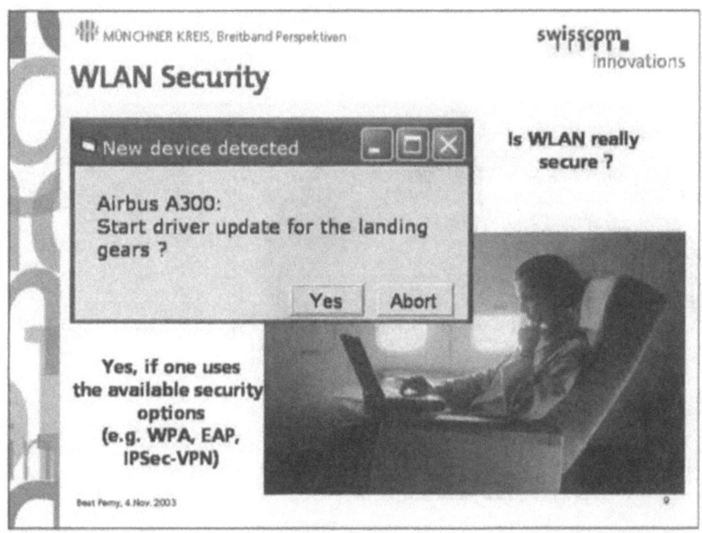

Bild 7

Nutzer, denen Sicherheit wichtig ist, haben heute bereits die Möglichkeit mit grosser Sicherheit über WLAN auf das Firmennetz zuzugreifen, indem zum Beispiel IPsec und VPN basierte Verbindungen aufgebaut werden. Ebenfalls kann heute der von der WiFi Allianz unterstützte Standard WPA (WiFi Protected Access) für die Authentisierung, Verschlüsselung und Schlüsselverteilung eingesetzt werden. (Firmware upgrade). Wir können davon ausgehen, dass der Zugang zu WLAN-Netzen schon bald so sicher ist, wie das bei GSM der Fall ist. Der Standard 802.11i geht klar in diese Richtung weil die relevanten Sicherheitsfragen adressiert werden, wie Vertraulichkeit/Integrität, Zugangskontrolle (802.1x), Authentisierung (IETF

EAP) sowie Schlüsselhierarchien und Austauschmechanismen. Der 802.11i Standard wird kompatibel sein zum heute verfügbaren WPA-Standard.

Endgeräte treiben die Anwendungen

Endgeräte sind heute einer der wichtigsten Treiber für neue Anwendungen (Bild 8). Wir gehen davon aus, dass in Zukunft ein Grossteil der mobilen Endgeräte, wie PDAs, Mobiltelefone, Smartphones, Notebooks und Tablet PCs standardmässig WLAN eingebaut haben werden. WLAN Chips werden so wenig kosten (< 10$), dass Sie einfach eingebaut werden, genauso wie USB Stecker und Ethernet Stecker. WLAN in Mobiltelefonen wird für die mobilen Netzbetreiber zur neuen Herausforderung. Könnte doch Voice over WLAN die nächste Anwendung sein, die anfängt das GSM Geschäft zu kannibalisieren. Vielleicht wird sich VoIP über WLAN ja sogar früher durchsetzen als VoIP über DSL, gerade wegen den Möglichkeiten der mobilen Endgeräte und der QoS, die WLAN schon bald bieten wird.

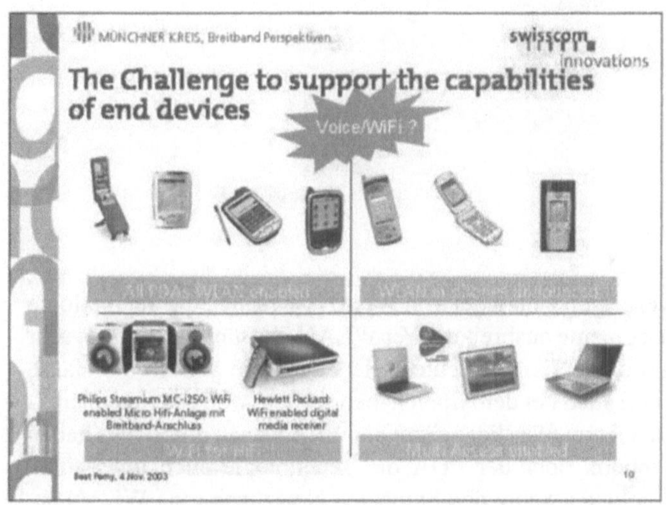

Vermehrt setzt sich WLAN auch im Heimbereich für die verschiedensten Anwendungen durch. Stereoanlagen Multimedia Receiver mit WLAN ermöglichen das vernetzte Heim, die Lautsprecher des Homecinema werden über WLAN angesteuert. WLAN ist der Enabler für das vernetzte Heim. Der Netzbetreiber tut gut dran das Anschlussnetz nicht vor dem DSL Modem enden zu lassen, sondern beim Endgerät.

Der Megatrend Mobilität

Mobilität ist heute ein Megatrend, der nicht aufzuhalten ist (Bild 9). In der Schweiz haben Firmen noch nicht so stark in WLAN investiert, aus Bedenken wegen der Sicherheit. Ich bin aber überzeugt, dass der WLAN-Boom bei den Firmen noch bevorsteht, wenn das Management realisiert wie effizienter die Mitarbeiter sind, wenn sie WLAN haben und wie bequem WLAN ist.

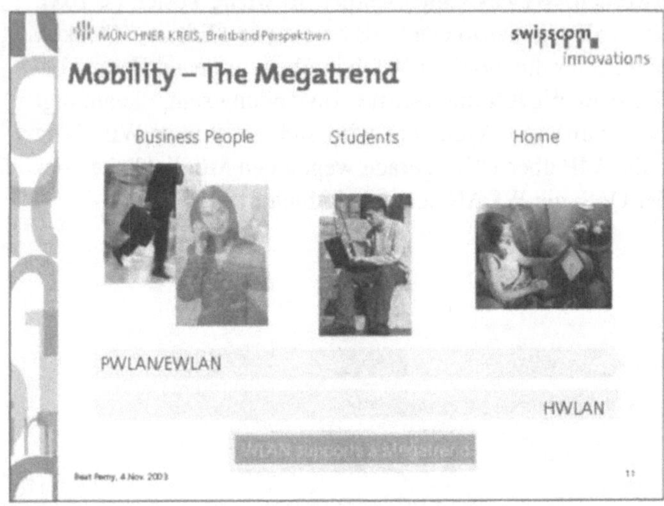

Bild 9

Gerade wegen dem konvergenten Charakter von WLAN, wird sich die Technologie über verschiedene Marktsegmente ausbreiten. Wer WLAN im Büro hat, wird es sehr schnell zu Hause haben wollen. Es gibt heute viele Leute, die WLAN zu Hause haben, die werden es schnell auch bei der Arbeit haben wollen, weil es einfach praktisch ist und das Leben erleichtert. Was liegt näher als WLAN auch unterwegs haben zu wollen, weil der Notebook oder der PDA die Technologie auch unterstützt. Schulen und Universitäten bieten heute den Studenten Netzzugang via WLAN an, für die junge Generation wird mobiler Breitbandzugang zur Selbstverständlichkeit. Der Mensch wird mobiler in Zukunft und WLAN kommt gerade im richtigen Zeitpunkt.

Ganz mobil mit nahtlosem Netzzugang

Wir werden in Zukunft sehr viele verschieden Netztechnologien und eine Vielfalt von Access-Providern haben (Bild 10). Dass die zukünftige, heterogene Netzzugangslandschaft für die Benutzer nicht zum Alptraum wird, ist eine besondere Herausforderung für die Netzbetreiber. Es ist schlussendlich in Ihrem Interesse, den Kunden so lang wie möglich auf dem Netz zu halten. Bei Swisscom Innovations haben wir eine Lösung erarbeit, die dem Kunden unterbruchsfrei von einem Netz zum Anderen führt – laufende Applikationen werden dabei nicht unterbrochen. An der Telecom 2003 hat Swisscom Mobile die Lösung der Öffentlichkeit vorgestellt. Seamless Handover vom Festnetz, zu WLAN oder GPRS und UMTS sind heute dank Mobile IP Realität. Der Benutzer ist immer verbunden und braucht sich nicht um die Anschlusstechnologie zu kümmern.

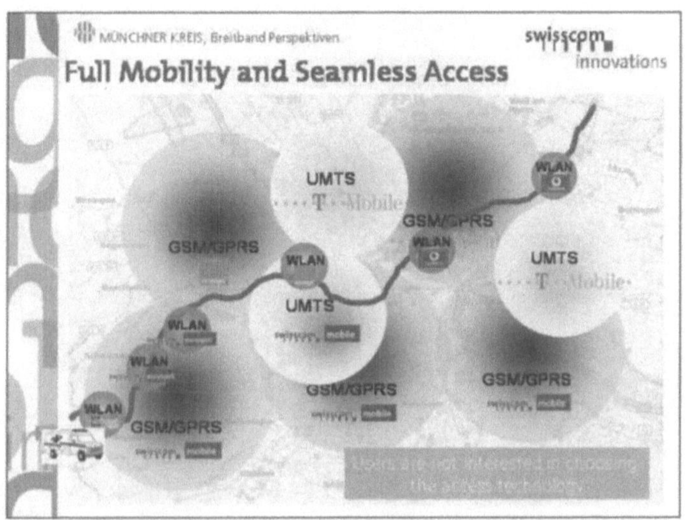

Bild 10

Die Chance des Netzproviders besteht darin, dem Kunden ein Bündel von Zugangsdiensten, wie UMTS und PWLAN oder PWLAN und DSL, anzubieten und sich dadurch zu differenzieren. Der Kunde hat den Vorteil, dass er sich für alle Netze gleich authentisieren lassen kann.

WLAN Geschäftsmodelle

Fee or free ist heute vermehrt die Frage (Bild 11). An sehr vielen Orten wird heute freier Netzzugang über WLAN angeboten, und es ist völlig unklar, wie man mit PWLAN Geld verdienen wird.

Während das Geschäftsmodell für die Kunden dabei äusserst interessant ist, die Internetwelt erwartet sowieso, dass Internet Access in Zukunft wenig oder nichts kosten soll, sieht es für Netzbetreiber eher nicht nach einem zusätzlichen Geschäft aus. Aber, Netzanbieter, die WLAN nicht in ihrem Dienstportfolio haben, werden Nachteile haben und Kunden verdienen. Ich bin überzeugt, dass es in Zukunft eine Koexistenz geben wird von freien und bezahlten Public WLAN Hot Spots. Die Qualität des Access wird unterschiedlich sein, und genau da liegt die Chance des Netz-

anbieters. Inbesondere Geschäftskunden werden bereit sein ein Premium auf diesen
qualitativ besseren Access zu bezahlen. Hot Spot Betreiber und Hotspot Besitzer
können so mit einer gegenseitigen Win-Win Situation einen Mehrwert für Kunden
generieren, der auch honoriert wird.

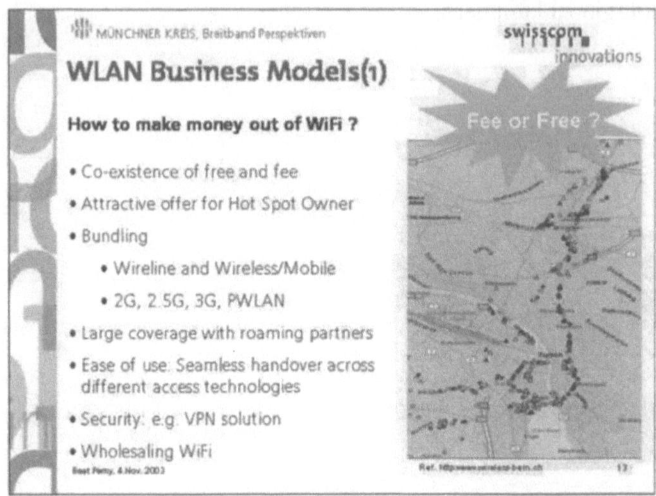

Bild 11

Ein wichtiges Element im zukünftigen Geschäftsmodellen wird das Bündeln des
PWLAN Angebots mit anderen Diensten sein. Man wird den drahtgebundenen
DSL-Zugang z.B. mit Public WLAN bündeln können. Weiter kann man PWLAN
mit traditionellen zellularen Zugangsdiensten wie GSM, GPRS und UMTS bündeln
und eine möglichst grosse Abdeckung anbieten. Der grösste Mehrwert für Kunden
wird aber sicher in der einfachen Benutzung eines Hotspots liegen und gerade dies
ist eine sehr grosse Herausforderung für einen Anbieter von PWLAN Hotspots.
Obwohl WLAN schon heute sehr verbreitet ist, Plug and Play für den Massenmarkt
ist die Technologie noch nicht. WLAN-Zugang muss so einfach werden wie das
Einsschalten eines Mobiltelefons.

Weiter können die Netzbetreiber sehr viel zu einem „Trusted WLAN-Brand" beitragen. Insbesondere für Firmen muss WLAN das Image von unsicherer Technologie verlieren.

Regulatorische und politische Einflüsse

Die Europäische Union hat im März dieses Jahres eine erste Empfehlung an die
Mitgliedstaaten für die Förderung der Radio LAN Technologien herausgegeben
(Bild 12). WLAN wird als wichtige Technologie in der Breitbandentwicklung ange-
sehen und soll daher von allen Staaten entsprechend gefördert werden.

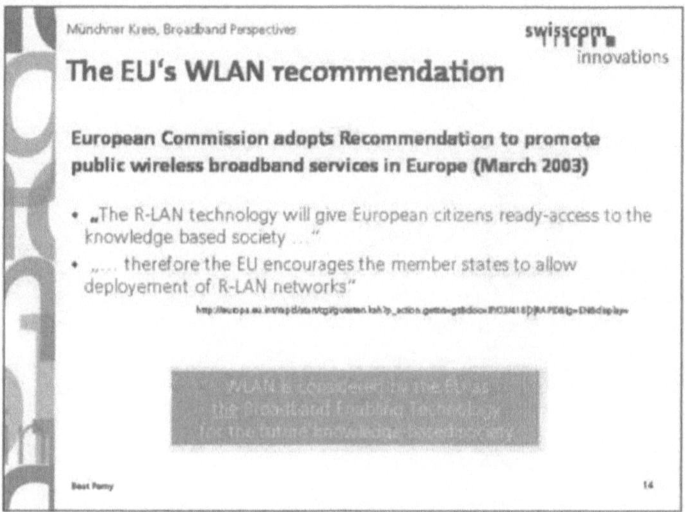

Bild 12

Ebenfalls ist von Seite der nationalen Regulatoren starke Unterstützung von WLAN Technologien zu erwarten, da der Wettbewerb dadurch gefördert wird und der Konsument stark davon profitieren wird.

WLAN bei Swisscom

Swisscom tritt heute als PWLAN Hotspot Provider in der Schweiz und in Europa auf (Bild 13). In der Schweiz wird das Geschäft vom Swisscom Mobile betrieben und im Ausland wurde eine neue Gesellschaft, Eurospot, dafür gegründet. In der Schweiz fährt man daher eher den Ansatz einer Diensterweiterung zum laufenden Mobilgeschäft, während im Ausland eher die Rolle des WISP eingenommen wird. Heute bedeutet dies für den Kunden in der Schweiz primär SIM Authentisierung, Rechnungsstellung via Mobiltelefon und im Ausland die aus der Internetwelt gewohnte Passwort Authentisierung. Selbstverständlich gibt es heute bereits Roamingabkommen und der Benutzer kann wählen, mit welchem Verfahren er sich authentisieren will. Gerade bei den Authentisierungsmechanismen ist heute aber unklar, ob die Internetwelt sich gegen die traditionelle Welt der mobilen Netzbetreiber durchsetzen wird.

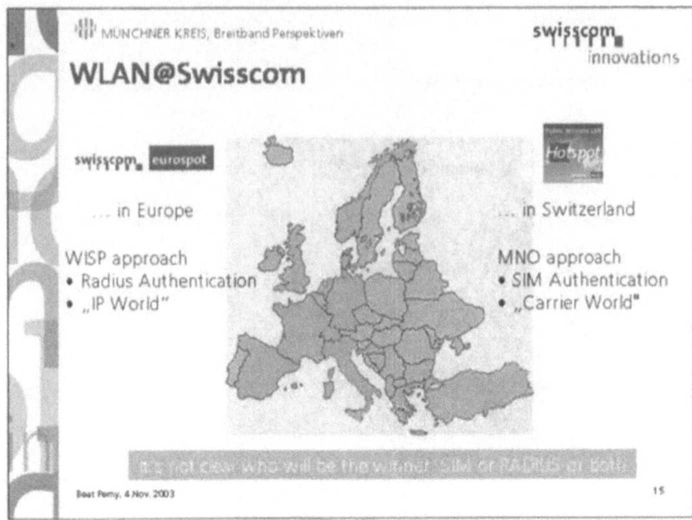

Bild 13

Swisscom PWLAN in der Schweiz

Im August 2001 hat Swisscom Mobile entschieden in der Schweiz eine PWLAN Dienst aufzubauen (Bild 14). Im Dezember 2002 wurde der PWLAN Dienst mit ersten 100 Hot-Spots angeboten. Heute wird die Strategie von der Vision Mobile Broadband mit bester Abdeckung geleitet. Die Vielfalt der Zugangstechnologien GPRS, UMTS und PWLAN soll für den Mobiltelefonkunden unsichtbar werden muss. Das heisst ein Kunde wird sich in Zukunft nicht darum kümmern müssen, welche Zugangstechnologie er nun bei seinem Endgerät wählen soll. Er wird immer am Ort mit der schnellsten zur Verfügung stehenden Technologie mit dem Netz verbunden sein und eine adaptive Flatrate bezahlen. Genau so wie das heute bei GSM Roaming weltweit zu einer Selbstverständlichkeit geworden ist, wo sich der Benutzer auch nicht darum kümmern muss, welchen Provider er wählen muss. Für den Kunden werden die monatlichen Kosten so kalkulierbar, auch wenn er ungleich viel UMTS oder WLAN Access benutzt, er bezahlt einfach für das „Immer verbunden sein".

Bild 14

WLAN im Zug – der Killer Hotspot ?

Als einen der interessantesten Hotspots sehen wir heute die Eisenbahn (Bild 15).
Swisscom Innovations hat deshalb schon vor über einem Jahre einen Feldversuch
durchgeführt und getestet, ob sich WLAN Internetzugang in Zügen realisieren lässt.

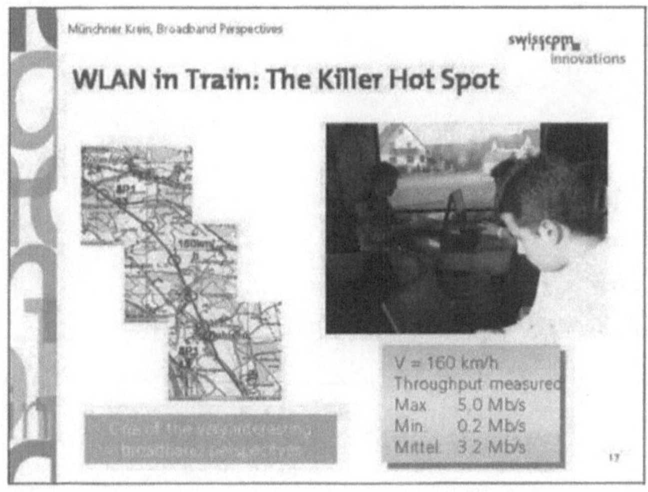

Bild 15

Die Resultate waren sehr ermutigend. Bei einer Geschwindigkeit von 160 km/h haben wir durchschnittliche Übertragungsraten von bis zu 3.5 Mb/s gemessen. Es stellt sich daher nicht mehr die Frage, ob WLAN im Zug möglich sein wird, sondern nur noch wann es möglich sein wird. Die Umsetzung ist also eher eine wirtschaftliche und politische Frage als eine technische.

Swisscom PWLAN in Europa

Erste Überlegungen PWLAN in Europa anzubieten wurden im September 2002 gemacht (Bild 16). Gegen Ende des Jahres 2002 wurde entschieden Eurospot in Form eines Venture-Unternehmen unter dem Dach von Swisscom aufzubauen. Der offizielle Launch wurde dann im März 2003 angekündigt, also ein sogar für Schweizerverhältnisse sehr schneller Entscheid.

Heute ist Eurospot die grösste europaweit tätige PWLAN Anbieterin, die Geschäftskunden ausserhalb Ihres Büros oder Zuhause, Breitband Internet Zugang anbietet. Die Leitvision ist einfach: Business Customers need Internet Access everywhere. Mit den abgeschlossenen Roaming Abkommen, können Swisscom Kunden heute bereits an 2150 Hot Spots in Europa vom Internetzugang profitieren, wovon 1300 Hotspots Eurospot selber gehören.

Bild 16

Bei Eurospot sind heute eine Vielfalt von Zahlungsmöglichkeiten in Entwicklung. Die Strategie ist ein Moving Target, d.h. sie wird relativ schnell dem sich bildenden Markt angepasst. Eurospot fokussiert sich aber ganz klar auf Orte, wo sich Geschäftsreisende aufhalten.

Schlussfolgerungen

Wireless LAN wird uns völlig neue Perspektiven in der zukünftigen Breibandwelt
eröffnen (Bild 17). Wireless LAN ist der Beginn des mobilen Internets, das ist viel
mehr als 3G versprochen hat. WLAN ist auch der Beginn der Konvergenz der IT und
Telekombranche, sowie den Branchen der IT und Unterhaltungselektronik. Weiter
müssen wir davon ausgehen, dass WLAN die traditionellen Geschäftsmodelle für
den Netzzugang stark herausfordern wird. Für Mobile- und Festnetzbetreiber wird
WLAN die Grenzen (Differenzierungsmöglichkeiten) verschmieren.

PWLAN wird in Zukunft vermehrt mit anderen Diensten gebündelt werden müssen,
damit für die Kunden ein Mehrwert, resp. eine Differenzierung zum Konkurrenten
geschaffen werden kann.

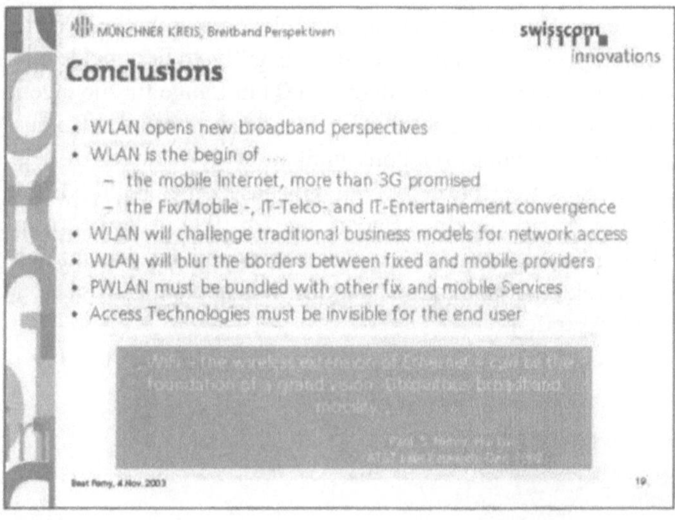

Bild 17

Der wichtigste Erfolgsfaktor wird aber mit Sicherheit die einfache Benutzung von
PWLAN Hotspots sein. Hier gibt es noch einiges zu tun, die Chancen, das die
Probleme gelöst werden sind aber sehr hoch, denn wer einmal WLAN gehabt hat,
der gibt es nicht wieder her. Es ist echter Mehrwert für die Kunden!

3.2 Energie und Glasfaseranschluss aus einer Hand

Manfred Hamel
EWE TEL, Oldenburg

Die EWE Aktiengesellschaft gehört zu den zehn größten Energieversorgungsunternehmen in Deutschland. Mit ca. 1 000 000 Strom-, 700 000 Gas- und 190 000 Tk-Kunden erzielte die EWE AG Umsatzerlöse in Höhe von 2,71 Mrd. Euro im Jahr 2002. 3220 Mitarbeiter sind im Konzern tätig. Ihre Kunden hat die EWE in der Ems Elbe Region, in Ostbrandenburg und in Polen.

Die fast 75-jährigen Geschichte der EWE begann 1930 mit der Stromversorgung. 1959 erfolgte der Einstieg in das Erdgasgeschäft. Schon früh erkannte EWE, dass Ertragstärke und Automatisierungsgrad in engem Zusammenhang stehen. Da EWE in der Fläche operiert, ist die sichere Beherrschung der Telekommunikation wichtig für den Erfolg des Unternehmens. Im Rahmen des damals gültigen Fernmeldeanlagengesetzes (FAG) hat EWE ein Tk-Netz von über 6 000 km Länge für die eigene Sprach-, Daten- und Fernwirkübertragung geschaffen. Um den kommenden Herausforderungen der zukünftigen digitalen Telekommunikation gewachsen zu sein, begann 1980 der Aufbau eines Leerrohrnetzes für Glasfaserkabel (Bild 1). Die ersten Glasfaserkabel für den betriebsinternen Bedarf wurden 1994 in das Leerrohrnetz eingeblasen. Die freien Kapazitäten des Glasfasernetzes und die sich abzeichnende Liberalisierung des Telekommunikationsmarktes, ließen erste Gedanken an den Einstieg in den Tk-Markt reifen.

Bild 1

Bereits 1995 konnten vom FAG eingegrenzt, erste externe Kunden gewonnen werden. Damit begann der Einstieg von EWE in das Geschäftsfeld Telekommunikation. Gemäß Telekommunikationsgesetz hat EWE ihre Tk-Aktivitäten in Tochterunternehmen ausgegliedert. Derzeit entscheiden sich jährlich rund 50 000 neue Kunden für die Tk-Tochterunternehmen von EWE. Aktuell hat das Netz der Tk-Gruppe eine Länge von über 23 000 km.

Derzeit haben die EWE-Tochterunternehmen EWE TEL, BREKOM, nordCom und osnatel rund 230 000 Kunden (Bild 2). Dabei spielen Call by Call und Preselection nur eine sehr untergeordnete Rolle. Die EWE Tochterunternehmen haben von Anfang an auf den direkten Anschluss mit dem vollständigen Wechsel gesetzt. Derzeit mieten wir zu über 90 % die letzte Meile bei der Deutschen Telekom AG (DTAG) an. Die rund 250 000 gemieteten DTAG-Anschlüsse kosten mehr als 35 Mio. Euro jährlich. Zudem können über die letzte Meile der DTAG nur Dienste angeboten werden, die DTAG auch anbietet.

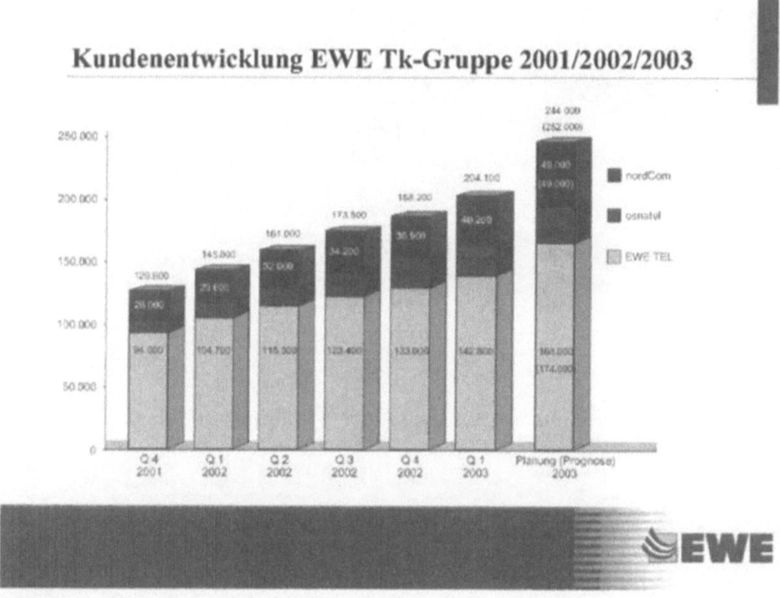

Bild 2

Im Rahmen des NGN (Next Generation Network) im Festnetz planen wir eine Loslösung von der DTAG. Anstelle einer Kupfererschließung beabsichtigen wir die Erschließung der letzten Meile mit Glasfaser. Diese Lösung versetzt uns in die Lage, unseren Kunden breitbandig das Triple Play (Sprache, Daten/Internet und TV/Video) anzubieten. In diesem Jahr sind bereits 25 Neubaugebiete und 10 Sanierungsgebiete in gemeinsamer Verlegung mit Strom, Gas und Wasser mit einem Leerrohrnetz für Glasfasern erschlossen worden.

Struktur des Gesamtnetzwerkes

TDM
Media Gateway
Signaling
SS7
TDM
RTP
H.323 / SIP / Megaco
Softswitch
Billing Plattform
TV Server
LSR
1GE/ n x GE
1/10GE
Redundanz durch 802.3ad Link Aggregation
ATP
Ortsnetz
Internet
1GE/ n x GE
Applications
LSR
Redundanz durch MPLS FastReroute Mechanismen
AP
100BaseFX/TX
1GB/ n x GB
100BaseFX
EWE

3.3 Stimulation des Wettbewerbs durch Broadband Bitstream Access

Dr. Alwin Mahler
Telefónica Deutschland GmbH, München

Angesichts der derzeitig vorherrschenden Marktstruktur im DSL Endkundenmarkt in Verbindung mit der Situation fehlender, für den Massenmarkt zugänglicher alternativer Zugangstechnologien, ist die Entwicklung im Vorleistungs- bzw. dem Wholesale-Bereich der DSL Produkte der DTAG (T-DSL) entscheidend, um insgesamt Impulse für den Wettbewerb im Breitbandmarkt zu generieren. Der Bitstream-Access stellt ein wesentliches, bisher auf dem deutschen Markt noch nicht eingeführtes Element hierfür dar, da er insbesondere einen direkten Zugang zum T-DSL-Endkunden und zusätzliche Servicedifferenzierung ermöglicht.

Der folgende Beitrag gliedert sich entsprechend der weiteren Beleuchtung zu der Fragestellung der Stimulation des Wettbewerbes durch Broadband Bitstream Access wie folgt:

Zu Beginn erfolgt eine kurze Darstellung der Telefónica Deutschland und dem deutschen Breitbandmarkt. Hieran schließt sich ein Abriss zu den Wertschöpfungsstufen und dem dort vorherrschenden Wettbewerb an, bevor eine Fokussierung auf das Thema Bitstream-Access und einige Erläuterungen zum Status der Implementierung in Europa folgen. Der Beitrag schließt mit einer Zusammenfassung und einem Ausblick.

Background: Telefónica und Breitbandmarkt Deutschland

Die Telefónica Deutschland GmbH ist spezialisiert auf internetbasierte Kommunikation für Geschäftskunden auf Basis des Internet-Protokolls (IP) (Bild 1). Der Mission „all over IP" folgend, ist es das Ziel, die bereits erfolgreiche Positionierung im IP Umfeld weiter auszubauen, mit der Vision „führender Anbieter von IP-basierter Sprach und Datendienstediensten für Geschäftskunden in Deutschland" zu werden. Telefonica Deutschland ist heute bereits die Nummer Eins unter den alternativen IP-Carriern in Deutschland, was sich an ca. drei Milliarden vermittelten Online-Minuten im Monat und 35.000 km Backbone widerspiegelt. Im vergangenen Jahr erwirtschaftete Telefónica Deutschland einen Umsatz von ca. 400 Millionen Euro, bei einem positivem Cashflow und positivem Ebita. Dabei beschäftigt Telefónica Deutschland derzeit ca. 450 Mitarbeiter, was ein flexibles und dynamisches Agieren am Markt erlaubt. Das Kerngeschäft besteht aus der Herstellung von IP-basierten Dienst- und Netzwerkleistungen für ihre Kunden, wie beispielsweise für eine AOL oder eine MSN. Komplementär zu seinem bundesweiten IP-Netz bietet Telefónica Deutschland Hosting-Dienstleistungen – z.B. für Spiegel, TomorrowFocus oder RTL, VPN-Vernetzungen, sowie IP basierte Sprachverbindungen, das sog. Voice over IP, an.

Bild 1

Hinsichtlich der Struktur des Breitbandmarktes in Deutschland, ist die Entwicklungsgeschichte mit der Entwicklung von T-DSL, dem breitbandigen Zugangsprodukt Produkt der Deutschen Telekom (DTAG) für den Massenmarkt, faktisch gleichzusetzen (Bild 2). Entsprechend kommt die für den deutschen Breitband Markt grundsätzlich positiv zu beurteilende führende Position hinsichtlich der absoluten Anzahl von Anschlüssen in Europa mit ca. vier Millionen Breitbandanschlüssen mit einem negativen Beigeschmack im Hinblick auf die Marktstruktur: Die DTAG nimmt die dominante Position im Endkundenbereich ein (ca. 92% Marktanteil), so daß der breitbandige Zugang zum Internet in Deutschland mit dem Produkt T-DSL gleich zu setzen ist. Daran zeigt sich, dass die bisherigen Regulierungsinstrumente zur Marktöffnung im Kontext der Entbündelung, der entbündelte Teilnehmeranschluss (TAL) bzw. das Line Sharing, nur begrenzten bzw. Letzteres insbesondere aufgrund der wirtschaftlichen Rahmenparameter keinen Einfluss auf die wettewerbliche Entwicklung des Breitbandmarktes hatten.

Breitband „Story" in Deutschland ist mit T-DSL gleichzusetzen

- **Breitband DSL: Take-Off in Deutschland geschafft (ca. 4,3 Mio. Anschlüsse)**
  - Zugangs-Technologie: Derzeit keine Alternative,
  - für den Massenmarkt zugängliche Breitband-Infrastruktur (s. Kabel/Power Line Entwicklung)
- **DSL Marktstruktur**
  - Dominante Position DTAG
  - Endkundenbereich (92% Marktanteil)
- **Bisherige Instrumente zur Marktöffnung:**
  - Entbündelung via TAL oder Line Sharing
  - Kaum Impulse für Wettbewerb

-> Breitbandiger Zugang zum Internet faktisch mit T-DSL gleichzusetzen

Jetzt Wholesale / Vorleistungsbereich entscheidend

DSL Markt Entwicklung in Deutschland

DSL Lines in Mio.: 2,1 2,4 2,6 2,74 3,19 3,8 4,3

Market Share Competitors: 3,1% 3,8% 5,0% 5,9% 6,5% 6,9% 8,6%

4Q 2001 1Q 2002 2Q 2002 3Q 2002 4Q 2002 1Q 2003 2Q 2003

Quelle: RegTP 2Q 2003; Deutsche Telekom Oktober 2003

Telefónica Deutschland GmbH   Telefónica

Bild 2

Verschärft wird diese Situation insbesondere vor dem Hintergrund fehlender, für den Massenmarkt zugänglicher alternativer Zugangstechnologien. In vielen Ländern Europas stellt etwa das Breitbandkabel eine für einen Massenmarkt verfügbare alternative breitbandige Zugangstechnologie dar, wie sie bis dato in der Form in Deutschland nicht vorhanden ist; nicht zuletzt aufgrund der vielfach diskutierten Historie im Kontext der Eigentümerfunktion entscheidender Bestandteile des Kabelnetzes bei der DTAG. Auch die Powerline Entwicklung (der breitbandige Internetzugang über die Niederspannungsstromnetze) stellt in Deutschland, u.a. aufgrund bisher nicht gelöster technischer Probleme im Kontext der Störstrahlenverordnung, keine Alternative für die DSL Zugangstechnologie dar. Vor diesem Hintergrund fehlender alternativer Zugangstechnologien und der derzeitig vorherrschenden Marktstruktur im DSL Endkundenmarkt ist die Entwicklung im Vorleistungs- bzw. dem Wholesale-Bereich der DSL Produkte der DTAG (T-DSL) entscheidend, der im folgenden näher betrachtet werden soll.

Wertschöpfungsstufen und Wettbewerb

Die folgende Abbildung skizziert die Wertschöpfungsstufen im DSL basierten, breitbandigen Internet-Zugangsbereich (Bild 3). Gekennzeichnet ist die Situation in Deutschland hierbei insbesondere dadurch, dass der Endkunde in der Regel für

seinen Breitbandinternetzugang heute zwei Anbieter hat. Einerseits bezieht der
Kunde hierbei seinen DSL-Anschluss über den Carrier (zumeist die DTAG) und
andererseits seinen breitbandigen Internetzugang von einem ISP. Dazwischen
befindet sich der sog. Wholesale- bzw. Vorleistungsbereich, der eigentlich dem Endnutzer nicht transparent ist.

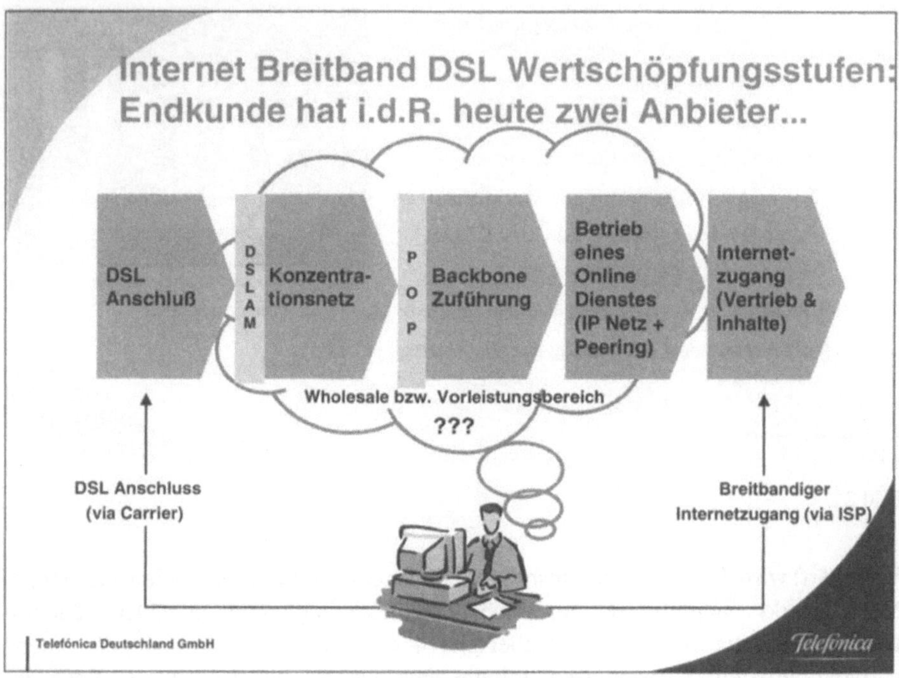

Bild 3

Innerhalb des Vorleistungsbereiches ist zwischen den folgenden Wertschöpfungsstufen zu unterscheiden: (1) das dem DSLAM (dort wo die Kupferdoppelader vom
Endkunden i.d.R. endet) folgende Konzentrationsnetz, in dem der Verkehr auf die
nächst höhere Ebene der Breitbandband POPs (Point of Presence) konzentriert wird
und nachfolgend (2) innerhalb des sog. Backbones weitergeführt wird, dem sich
dann als weitere Wertschöpfungsstufe (3) der Betrieb eines Online Dienstes, basierend auf dem entsprechen IP Netz bzw. Peering Abkommen um auf die jeweiligen
Inhalte bzw. Server zugreifen zu können, anschließt.

Die Wettbewerbssituation auf den dargestellten Wertschöpfungsstufen wird in dem
folgenden Bild 4 wiedergegeben.

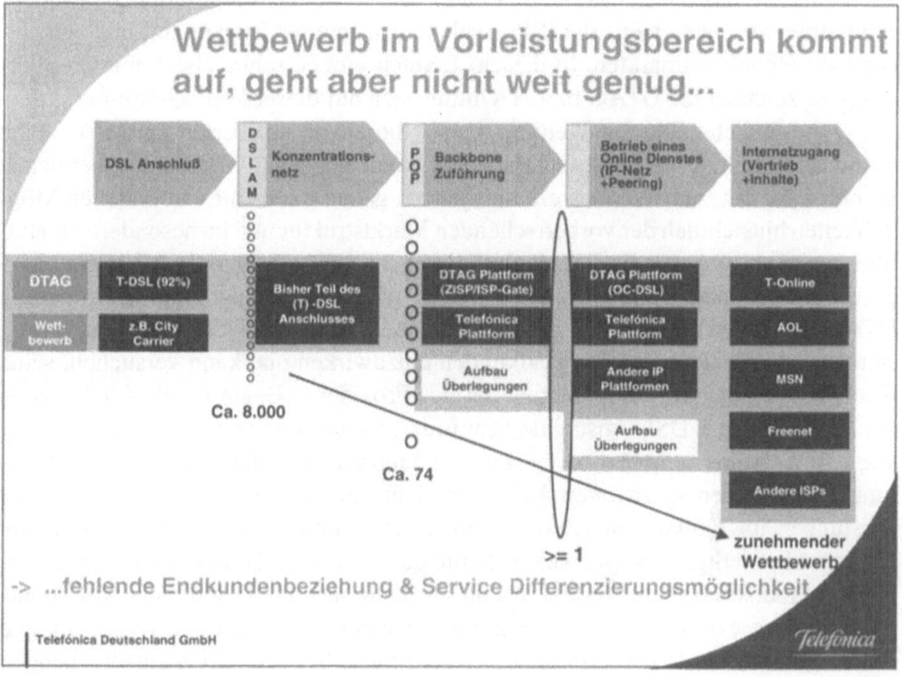

Bild 4

Wettbewerb im Vorleistungsbereich ist zuletzt durch die Investitionen alternativer
Anbieter, wie etwa durch die von Telefónica Deutschland aufgebaute Plattform, auf-
gekommen, geht aber nicht weit genug, insbesondere angesichts der vorherrschenden Marktstruktur: Die Situation im DSL Anschlussbereich und die damit verbundenen mehr als 90% Marktanteil der DTAG wurden bereits skizziert. Das
Konzentrationsnetz war bisher Teil des (T)-DSL Anschlusses. Für die Weiterfüh-
rung des Verkehres innerhalb des IP-Netzes (folgend auf das auf ATM Technologie
basierten Konzentrationsnetz, welches den Verkehr von den ca. 8000 DSLAMs bzw.
Hauptverteilern in Deutschland auf die ca. 74 Breitbandknoten konzentriert), gibt es
aktuell in Deutschland zwei Plattformen: Die Plattform der DTAG (vermarktet etwa
im Rahmen der Produkte ZISP und ISP Gate) und alternativ die Plattform von
Telefónica Deutschland. Telefónica Deutschland hat als erstes – und als bisher ein-
ziges (Stand November 2003) – Unternehmen eine solche Plattform aufgebaut, die
an 74 Breitbandpunkten den IP Verkehr von T-DSL Nutzern der DTAG übernimmt
und im eigenen IP-Netz weiterführt. Im Bereich der nachfolgenden Wertschöpfungsstufe des Betriebes eines Online-Dienstes gibt es neben der Fortführung der
bereits genannten zwei Plattformen, weitere Anbieter, die in diesem Bereich aufgebaut haben (Hier geht es, wie bereits angedeutet, bei dem DSL basierten Verkehr im
wesentlichen darum, dass mit Peering-Abkommen und dem entsprechenden IP-Netz
der Kunde die Möglichkeit hat, auf gewünschte Inhalte bzw. Seiten zuzugreifen und

letztendlich Zugriff auf „das Internet" hat). Die letzte hier dargestellte Wertschöpfungsstufe bezieht sich auf die ISPs, welche den Internet Zugang und die entsprechenden Inhalte vermarkten. In diesem Bereich gibt es zahlreiche Anbieter; allerdings verzeichnet die DTAG bzw. T-Online auch auf dieser Wertschöpfungsstufe – die grundsätzlich stärkeren Wettbewerb als die zuvor skizzierten aufweist – eine dominante Stellung. In den beschriebenen, davor liegenden Vorleistungsbereichen kommt zwar langsam Wettbewerb auf; jedoch gehen die damit verbundenen Möglichkeiten hinsichtlich der vorherrschenden Marktstruktur und insbesondere im Hinblick auf die bestehende Endkundenbeziehung, die bei den derzeitigen Vorleistungsprodukten ausnahmslos bei der DTAG liegt, nicht weit genug: Zum einen hat die DTAG durch den Kontakt mit dem Endkunden über den T-DSL Anschlussvertrag stets die Möglichkeit, auf den Endkunden einzuwirken und kann versuchen, seine Kaufentscheidung bzgl. des Internet Service Provider (z.B. am Point of Sale, wenn der Kunde einen T-DSL Anschluss beauftragt) zugunsten konzerneigener Anbieter wie z.B. T-Online zu beeinflussen. Zum anderen erlauben die bestehenden Vorleistungsprodukte den alternativen Anbietern nicht, selbständig auf die Gestaltung der Leistungen im Endkundenverhältnis einzuwirken und so andere Bedürfnisse am Markt zu befriedigen als die, welche heute durch die DTAG im Rahmen der bestehenden Produkte bedient werden. An dieser Stelle setzt die Diskussion zum Thema Bitstream-Access an, die bereits in zahlreichen europäischen Ländern seit einigen Jahren geführt wurde und dort auch bereits zu Ergebnissen in den entsprechenden Märkten in der Form einer Einführung von Bitstream Access-Produkten geführt hat. Dieses Thema des Bitstream-Access ist Gegenstand des folgenden Abschnittes.

Bitstream-Access

Aus den Vorgaben der EU ergibt sich für den Bitstream-Access, dass es sich dabei um die Bereitstellung einer Übertragungskapazität zwischen dem Endkunden und einem Netzübergabepunkt eines Wettbewerbers handelt (Bild 5). Ein wesentliches Merkmal ist hierbei die Kontrolle der Endkundenbeziehung. Weiterhin soll mit der Nutzung des eigenen Netzwerks dem Wettbewerb auch erlaubt werden, eigene differenzierte Produkte anbieten zu können, z.B. in dem Serviceparameter wie die Bandbreite oder Verfügbarkeit variiert werden und in dem eigenen Netz nach Übergabe durch die DTAG weiterführend sichergestellt und dem Endkunden angeboten werden. Hierin liegt ein wesentliches Unterscheidungsmerkmal des Bitstream-Access von einem reinen Resale, also von einem reinen Wiederverkauf eines T-DSL Anschlusses unter einem anderen Markennamen.

Bild 5

Hinsichtlich der Implementierung eines Bitstream-Access sind, abhängig von der bestehenden Infrastruktur des jeweiligen potenziellen Vorleistungs-Nachfragers und dessen Geschäftsmodell verschiedene Übergabevarianten denkbar: Prinzipiell kann unterschieden werden zwischen einer ATM basierten, tendenzielle tiefer im Netz bzw. näher am T-DSL Anschluss liegenden, und einer IP basierten Übergabe, z.B. komplementär zu der bereits bestehenden IP Plattform der Telefónica Deutschland. Aus Effizienz – im Sinne eines graduellen Ausbaus bestehender, sich mit dem WWW weit verbreiteter und mittlerweile allgemein anerkannten auf dem IP Protokoll basierter Infrastrukturen – und Wettbewerbsgesichtspunkten erscheint eine IP basierte Übergabe vorteilhaft; wobei jedoch die generelle Möglichkeit einer ATM Zusammenschaltung nicht ausgeschlossen werden sollte.

Wesentlich hinsichtlich der Implementierung ist – angesichts der aufgezeigten Situation – insbesondere der „Time to Market" Aspekt und die Entwicklung eines effizienten Zusammenschaltungskonzeptes, welches die Konsistenz der einzelnen Wertschöpfungsstufen zu einander, basierend auf den zugrundliegenden Kosten, sicherstellt.

Implementierung Europa/Deutschland

Der Bitstream-Access ist in zahlreichen anderen Ländern Europas bereits implementiert, wie aus dem folgenden Bild 6 zu entnehmen ist.

Land	Verbreitung von Breitband Anschlüssen (davon DSL)	Breitband Penetration je 100 Einw. (DSL)	Wettbewerb DSL Endkunden Marktanteil*	Bitstream Access	Bitstream Übergabepunkt	Anzahl Bitstream Lines	Anord-nung NRA lt. Gesetz
Deutschland	3,9 (3,8) Mio.	4,7 (4,6) %	6 %	—	—	—	—
Spanien	1,8 (1,3) Mio.	4,4 (3,2) %	20 %	√	ATM; IP managed & unmanaged	308.000	√
Großbritannien	2,7 (1,1) Mio.	4,4 (1,8) %	0 %	√	ATM parent & distant	540.000*	√
Frankreich	2,4 (2,1) Mio.	4,1 (3,6) %	1 %	√	ATM parent & distant, IP	717.000*	√
Niederlande	1,5 (0,6) Mio.	9,4 (3,8)%	10 %	√	ATM distant	0	√
Belgien	1,0 (0,6) Mio.	10,2 (6,1)%	1 %	√	DSLM, ATM parent	5.000	√
Österreich	0,5 (0,2) Mio.	6,6 (3,4)%	19 %	√	ATM distant	36.900	√
Italien	1,6 (1,4) Mio.	2,8 (0,2)%	5 %	√	ATM parent	400.000	√

Bild 6

Die Darstellung spiegelt einerseits die Verbreitung von Breitbandanschlüssen, die Penetrationsrate und in Klammern den jeweiligen DSL Anteil wider, sowie der bereits für Deutschland skizzierte Marktanteil der DSL Wettbewerber. Die jeweiligen DSL Anteile bringen gerade auch für Deutschland nochmals die Situation zum Ausdruck, dass Breitband in Deutschland mit T-DSL gleichzusetzen ist.

Weiterhin ist andererseits der Grad und die Art der Bitstream Realisierung dargestellt. Danach zeigt sich, dass in allen dargestellten Ländern der Bitstream Access bereits realisiert ist, vielfach basierend auf verschiedenen Übergabevarianten, wie ATM oder IP. Weiterhin ist dargestellt, ob das Angebot aufgrund entsprechender Anordnung der jeweiligen nationalen Regulierungsbehörde (NRA) bzw. gesetzlicher Verankerung Zustande gekommen ist. Die Erfahrungen in anderen Ländern Europas, in denen der Bitstream-Access bereits implementiert ist, suggerieren, dass es ohne entsprechende regulatorische Rahmenbedingungen zu keinem Angebot bzw. zur Herausbildung eines funktionsfähigen Wettbewerbs kommt.

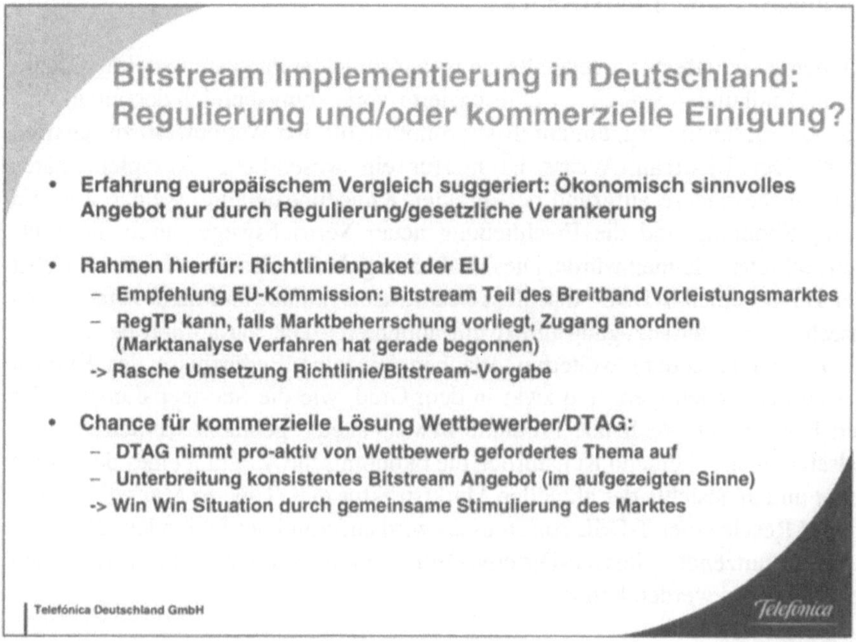

Bild 7

Grundsätzlich sind hinsichtlich der Implementierung in Deutschland auch in diesem Kontext die zwei typischen Pfade vorstellbar, der Regulierung und/oder der kommerziellen Einigung (Bild 7). Ein entsprechender Rahmen für eine auf Anordnung bzw. Regulierung basierten Einführung ergibt sich aus dem Richtlinienpaket der Europäischen Kommission. Laut deren Empfehlung ist Bitstream-Access Teil des Vorleistungsmarktes für Breitbanddienste (Wholesale Broadband Services) und unterfällt damit der Empfehlung zur exante Regulierung. Wenn als Ergebnis des gerade begonnenen Marktanalyse Vorverfahrens der RegTP ein Anbieter als Marktbeherrschend eingestuft wird, dürfte sich durch die RegTP eine Bestätigung eines Zugangsanspruch für den Wettbewerb ergeben und entsprechende Verpflichtungen könnten auferlegt werden. Von Bedeutung dürfte hierbei auch wiederum die rasche Umsetzung der Richtlinie bzw. der Bitstream Vorgaben sein. Gleichwohl wird parallel aber auch die Möglichkeit kommerzieller Lösungen gesehen, in dem die DTAG das vom Wettbewerb geforderte Angebot – in dem aufgezeigten Kontext eines konsistenten, Service Differenzierung und Endkunden-Beziehungen erlaubenden Produktes – aufnimmt. Hierdurch könnte sich eine Win-Win Situation sowohl für die DTAG als auch für den Wettbewerb ergeben, in dem gemeinschaftlich der Breitbandmarkt schneller vorangetriebenen wird. Ein Bitstream-Angebot würde neue Vermarktungsmöglichkeiten, insbesondere hinsichtlich der Endkundenbeziehung, sowie entsprechend den zu variierenden Service Parameter auch ein differenzierteres Leistungsangebot, nach den Wünschen des Kunden und ergänzend zu dem bestehenden Endkundenprodukt der DTAG, erlauben.

Zusammenfassung und Ausblick

Zusammenfassend lässt sich festhalten, dass aufgrund der dargestellten Situation im Breitband Endkundenbereich der DSL basierte Vorleistungsbereich derzeit als entscheidend angesehen wird, um kurzfristig Impulse für den Wettbewerb zu schaffen (Bild 8). Der Bitstream-Access ist hierfür ein wesentliches komplementäres Element, insbesondere aufgrund der direkten Kundenbeziehung, welche z.B. ein One-Stop-Shopping und die Erschließung neuer Vertriebswege durch die alternativen Anbieter erlauben würde. Dies unabhängig davon, dass der Kunde zunächst bei der DTAG einen T-DSL Anschluss beauftragen müßte (und dann zumeist den entsprechenden Internetzugang direkt mit abonniert). Die Variabilität der Service Parameter würde zudem weiterhin erlauben, einzelne Bedürfnisse der Kunden stärker zu berücksichtigen, und zwar in dem Grad, wie die Serviceparameter hier variiert bzw. in entsprechende Produkte bzw. „Pakete" gebracht werden können. Grundsätzlich entscheidend ist natürlich die ökonomische Validität eines derartigen Angebot und angesichts der aktuellen Marktstruktur die „Time to Market" hierfür. Ein reines Resale eines T-DSL Anschlusses wird aufgrund der fehlenden, die Infrastruktur ausnutzende, Service-Differenzierung nicht als ein valides Bitstream Angebot gesehen werden können.

Insgesamt ist eine zeitgerechte Implementierung sowohl vor dem Hintergrund des Vorsprungs anderer Länder in Europa als auch hinsichtlich der Erhöhung der Variabilität des Endkundenangebotes für die Stimulation des Wettbewerbs im Breitbandbereich wesentlich: Die Regulierungsbehörde als auch die DTAG sind hier gefordert; der Wettbewerb wartet auf ein entsprechendes Angebot und ist mit den skizzierten Investitionen im Vorleistungsbereich bereits in „Vorleistung" gegangen und grundsätzlich wurde auch signalisiert, graduell bzw. komplementär zur bestehenden Infrastruktur weiter zu investieren. Unter den gegebenen Vorzeichen bietet der Bitstream-Access eine kurzfristige Möglichkeit für die Stimulation der weiteren Entwicklung des Breitbandmarktes und des Wettbewerbes.

4 Neue Dienste für Geschäft und Unterhaltung

4.1 Peer-to-Peer: Chancen und Risiken in Breitband-Netzen

Prof. Dr. Thomas Hess
Universität München

Einleitung

In meinem Vortrag möchte ich zwei aktuelle Themen aus der Medienbranche oder erweiterten Medienbranche zusammenbringen. Einmal das Phänomen Peer-to-Peer – es wurde heute morgen schon angesprochen und von meinen Kollegen aufgegriffen – und als zweites eine infrastrukturelle Entwicklung, das Thema Breitbandnetze.

Wir können als Erstes überlegen, wie diese beiden Gebiete überhaupt zusammenhängen. Sind das zwei Gebiete, die eigentlich nebeneinander stehen? Mein Ziel ist es, Ihnen heute zu zeigen, dass diese beiden aktuellen Gebiete doch sehr stark zusammenhängen. Ihnen davon einen ersten Eindruck zu vermitteln, ist das, was ich Ihnen zeigen möchte.

Ich möchte mit einem Beispiel anfangen. Sie brauchen die einzelnen Sachen gar nicht genau zu erkennen. Ziel ist es, Ihnen einfach einmal das Phänomen darzustellen, zu überlegen, was das Phänomen Tauschbörse bedeutet. Sie sehen hier ein Erbe von Napster. Napster war die erste Tauschbörse von Relevanz, die schon vor einigen Jahren verfügbar war. KazaA ist ein Erbe davon und es gibt noch mehr Erben von Napster. Wenn Sie eine Musikdatei suchen, geben Sie auf der linken Seite den Titel ein und sofort bekommen Sie auf der rechten Seite entsprechende Angebote. Das Charakteristische dieses Angebots ist, dass diese Musikdateien in dem Fall nicht zentral von einem Musiklabel bereitgestellt werden, sondern sie liegen irgendwo auf der Welt bei einem anderen Internetnutzer. Sie sehen das angedeutet an den einzelnen Adressen. Das heißt, Sie bekommen nicht von einem kommerziellen Anbieter Ihre Dateien, sondern Sie bekommen Ihre Dateien letztlich von anderen Nutzern und daher erklärt sich auch zu einem Teil der Begriff Peer-to-Peer. Das bedeutet eigentlich Austausch unter Gleichberechtigten. Man versucht letztlich einen Tauschhandel aufzubauen. Sie sehen hier noch ein paar mehr Angaben, Qualitätsangaben. Sie sehen, wo das Ganze lokalisiert ist. Aber Sie sollten sich vor Augen führen, dass man sich heute auf diesem einfachen Weg Musikdateien beschaffen kann.

Gerade wenn wir Richtung Breitband denken, ist es nicht richtig, bei den Musikdateien stehen zu bleiben, sondern auch von der Breitbandproblematik her kommend einen Schritt weiter zu gehen. Das Ganze wird, um es schon vorweg zu
nehmen, mittelfristig sicherlich nicht bei den Musikdateien stehen bleiben. Der
nächste Schritt, der schon klar zu erkennen ist, werden die Filmdateien sein.

Das ist der Einstieg. Wenn man es vom Geschäft her betrachtet, ist die Musikindustrie vielleicht ein bisschen überrascht worden, aber die Filmindustrie kann nicht
mehr richtig überrascht werden, da die Entwicklung schon klar vorgezeichnet ist.

Das ist der Hintergrund. Was möchte ich Ihnen kurz darstellen? Vier Punkte. Erst
einmal ganz kurz: Wie funktionieren Tauschbörsen? Was ist die Grundidee, sowohl
auf der ökonomischen Seite, aber auch kurz auf der technologischen Seite? Was
steckt dahinter? Was sind die wesentlichen Funktionen? Dann die Frage, die man bei
aktuellen technischen Trends immer wieder aufgreifen kann: Sind das nur Modewellen? Wir haben in den letzten Jahren eine Reihe von Technologien diskutiert, von
denen Sie wahrscheinlich nicht mehr den Namen im Kopf haben. Das Risiko bei
Technologien ist, dass es am Anfang eine große Begeisterung gibt, auch von der
technischen Seite her, aber der Nutzungszusammenhang, der ökonomische Zusammenhang nicht so stark beschrieben wird.

Als zweiten Punkt möchte ich diskutieren, ob Tauschbörsen auch ein solches Phänomen sind, das wir in ein, zwei Jahren getrost wieder vergessen können. Als dritter
Punkt: Brauchen wir für die Tauschbörsen breitbandige Infrastruktur, um auch da die
Verbindung klar herzustellen? Das heißt, gibt es bei dem, was wir uns davor angeschaut, abgeschätzt haben, einen Hinweis auf breitbandige Infrastruktur? Am Ende
dann kurz eine Zusammenfassung. Das ist mein Programm; wie gesagt vor dem Hintergrund, Ihnen den Zusammenhang zwischen diesen beiden sehr aktuellen Themen
vorzustellen.

Wie funktionieren Tauschbörsen?

Der erste Punkt: Wie funktionieren Tauschbörsen? Da möchte ich eher klassisch
anfangen. Bevor es Tauschbörsen gab, sind Sie in den letzten Jahren in den Musikladen gegangen und haben sich Musikdateien gekauft (Bild 1). Wie war die ökonomische Logik dahinter? Der Künstler schloss einen Vertrag mit einem Musikverlag,
einem Musiklabel. Dieses Musiklabel fasste mehrere Musikstücke auf einer CD
zusammen. Sie sind dann in den Laden gegangen und haben das gekauft. Sie haben
dafür 15 € bezahlt und das Geld ist rückwärts über den Musikverlag zum Künstler
geflossen. Das ist ein sehr angenehmes Geschäftsmodell, eigentlich in zweierlei
Hinsicht. Erstens waren die Margen in den letzten Jahren sehr groß, d.h. man konnte
im Musikbereich wirklich sehr gut verdienen, ein sehr lukratives Geschäft. Zweitens
war auch für den Musikverlag eine wunderbare Bündelung der Produkte möglich.

Wenn Sie eine Musik-CD gekauft haben, waren 10, 12 Musikdateien darauf, aber sehr wahrscheinlich wollten Sie gar nicht diese 10, 12 Dateien haben, sondern vielleicht nur 2 oder 3 davon. Da konnte man über gute Bündelungstechnik letztlich Ihre Preisbereitschaft maximal abschöpfen – also ein wunderbares Geschäftsmodell. Das hat in den letzten Jahren auch gut funktioniert. Es war eine sehr lukrative Branche, ein ökonomischer Erfolg. Sie konnten eine Musikdatei, die Sie einmal gekauft hatten, noch für Ihren eigenen Gebrauch legal kopieren. Sie konnten sie im Auto nutzen, auf anderen Endgeräten.

Wenn wir jetzt einen Schritt weiter gehen, war das krasse Gegenbeispiel Napster oder KaZaA, die illegalen Tauschbörsen. Wie ist die ökonomische Grundlogik dahinter? Sie sehen, auf der linken Seite hat sich nichts verändert. Wir haben den Künstler. Der Künstler produziert und gibt sein Werk an den Musikverlag. Wie geht es weiter? Jetzt kommt die Änderung. Sie sehen, die Pfeile sind etwas anders, es reicht, dass die Musikdatei in eine Tauschbörse kommt, und zwar genau einmal. In dieser Tauschbörse werden die Musikdateien getauscht. Der ökonomische Effekt ist klar. Die Musikverlage haben so gut wie keine Kontrolle mehr darüber, wo Musikdateien ausgetauscht werden. Und wenn sie da keine Kontrolle haben, ist es sehr unwahrscheinlich, dass ihnen jemand freiwillig Erlöse zukommen lässt. Also, auf Deutsch: Sie können für die erste Kopie vielleicht noch einen marginalen Betrag erzielen und danach hört es auf. Unkontrolliertes Tauschen stellt das Geschäftsmodell der Musikbranche letztlich grundlegend in Frage.

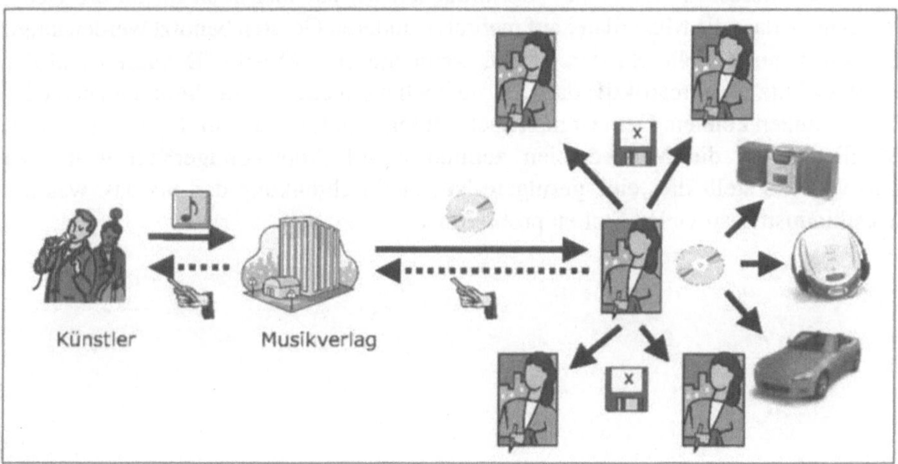

Bild 1

Das war die Situation, die wir aus den letzten Jahren kennen. Angefangen mit Napster hin zu KaZaA. Das waren auch die beiden Gegenpole, die wir an der Stelle kennen. Einmal das ganz klassische Modell und auf der anderen Seite das illegale Modell.

In den letzten Jahren gibt es Weiterentwicklungen, neue Vorstöße. Ein Angebot ist sehr interessant. Es kommt nicht aus der Musikindustrie, auch nicht aus der Telekomindustrie, sondern es kommt aus der IT-Branche, und zwar von Apple. Apple hat im letzten Jahr ein neues Angebot aufgebaut, was auf den ersten Blick eine ganz gute Kombination zwischen zwei extremen Varianten ist. Um was geht es? Wir fangen wieder mit dem Künstler an. Auch da muss der Künstler irgendwann sein Musikstück herstellen. Er muss es produzieren. Dann geht es zum Musikverlag. Der Musikverlag gibt dieses Musikstück – das ist das Neue – an iTunes. Dies ist unter anderem ein elektronischer Plattenladen. Und iTunes erlaubt, so ähnlich wie beim Napster-Modell, dass diese Datei ins Internet gelangt. Nur bleibt diese Datei kontrolliert, das ist der wesentliche Punkt hier. Die Datei geistert nicht mehr völlig unkontrolliert durch das Internet, sondern der Mechanismus sieht es hier so vor, dass eine Datei nur von wenigen Nutzern gleichzeitig genutzt werden kann. Es gibt noch eine zentrale Kontrolle. Es wird zentral festgehalten, wer eine ganz spezielle Datei nutzt. Und damit ist es möglich, eine Kombination zwischen dem sehr restriktiven Modell, dem klassischen Modell, und dem sehr unkontrollierten Modell herzustellen.

Dies ist eine Innovation, die in den letzten Monaten, im letzten Jahr, in diesen Bereich hineinkam und diese beiden sehr unterschiedlichen Pole vielleicht zusammen führen könnte. Von der Idee her ist es eine Kombination von freier Verfügbarkeit, also klassischen Tauschbörsen, aber auch der Kontrolle durch die Musikindustrie. Interessant auch hier – das brauchen wir nachher noch für unsere Überlegungen – dass die Musikdatei auf mehreren anderen Geräten benutzt werden kann. Sie alle kennen vielleicht den Effekt, wenn Sie eine Musik-CD kaufen und der Kopierschutz ist so restriktiv, dass Sie sie noch nicht einmal auf Ihrem eigenen CD-Player nutzen können. Dem ist man auch entgegen gekommen, und es gibt jetzt hier Möglichkeiten, die Musikdateien zumindest auf Apple-Endgeräten weiter zu nutzen. Also stellt dies eine geringere Nutzeneinschränkung dar, als das, was die Musikindustrie an vielen Stellen probiert hat.

<table>
<tr><td>

Tauschbörsen auf
Peer-to-Peer-Basis

Funktionen:
– Identifikation von
  Tauschpartnern

– Austausch der Dateien

Zwei Varianten:

– hybrid

– völlig dezentral

</td><td>

Digital Rights Management
Systeme

Funktionen:

– Zugangssteuerung

– Nutzungssteuerung

– Abrechnung

– Rechteabsicherung

Zwei Schwerpunkte:
– Front End
– Back End

</td></tr>
</table>

Durchgehende Digitalisierung
digitale Medien inkl. Standards der Datenübertragung

Was steckt dahinter? Ganz kurz zur Technologie. Zumindest überblicksartig sind es drei Bereiche, die man hier erkennen sollte. Basis – Sie sehen das hier unten angedeutet – ist letztlich die Digitalisierung, digitale Medien, entsprechende Standards. Das ist deswegen so interessant, weil man im Musikbereich und später auch im Filmbereich eine vollständige Digitalisierung weitgehend schon erreicht hat. D.h. vom Endnutzer zum Endnutzer haben Sie eine vollständige Digitalisierung. Es gibt keine Medienbrüche mehr, und das macht die Sache wesentlich attraktiver.

Daneben zwei Technologien, die isoliert, aber auch integriert genutzt werden können. Auf der linken Seite das, was ich Ihnen weitgehend skizziert habe: die Tauschbörsen, d.h. die Möglichkeit, unter Gleichberechtigten zu tauschen. Sie haben da im Wesentlichen zwei Funktionen. Die erste Funktion, die mein erstes Beispiel schon kurz darstellen sollte: Identifizierung der Tauschpartner. Sie erinnern sich vielleicht an mein erstes Beispiel. Sie geben einen Musiktitel oder andere Parameter ein und bekommen eine Liste, wer weltweit über solche Dateien verfügt. Das System gibt Ihnen diese Informationen, und es unterstützt dezentral auch den Austausch von Dateien.

Das sind die beiden wesentlichen Funktionen. Es gibt noch zwei Varianten, die ich nur am Rande erwähnen will; einmal die hybride Variante und dann die völlig dezentrale Variante.

Die hybride Variante bedeutet, es gibt noch einen zentralen Server, der zumindest Informationen darüber beinhaltet, wo die Dateien abgelegt werden. Das ist das alte Napster-Modell. Die neueren Ansätze, KaZaA und Folgeprodukte, sind völlig dezentral, d.h. es gibt keinen zentralen Punkt mehr, der auch nur Lokalisierungs-

informationen beinhaltet. Dazu die erste wesentliche Technologie neben den Grund-
lagen, die man immer mit Tauschbörsen in Verbindung bringen kann.

Mindestens genau so wichtig sind aber die Technologien, die ich unter dem Stichwort Digital Right Management zusammengefasst habe. Das sind Technologien, die
die Nutzung von Musikdateien und anderen Dateien generell kontrollierbar machen
sollen. Sie sehen hier die Funktionen, Zugangssteuerung, Nutzungssteuerung und
Abrechnung. Man versucht letztlich einen Gegenpol zu setzen. Auf der einen Seite
haben Sie die Tauschbörsen, die den freien Austausch ermöglichen und als
Gegenpol die Rechtemanagementsysteme, die das wieder kontrollierbar machen
sollen. Es gibt zwei Anwendungsfelder. Für uns interessant ist eher die produktnahe
Seite, die Frontendseite. Es gibt noch einen zweiten großen Markt, auch im Bereich
der klassischen ERP-Systeme, der sich mit der Systematisierung und der Abbildung
von Rechten beschäftigen. Das ist der Backend-Bereich.

Wenn Sie die beiden Sachen zusammen nehmen, und sich gerade das Beispiel
iTunes vor Augen führen, sehen Sie, dass letztlich die Kombination der beiden Technologien das ist, was diese Bereiche wahrscheinlich zukünftig ausmachen wird.

An einem anderen Beispiel sehen Sie es ebenfalls. Napster als noch existierend sollte
so weiter entwickelt werden, dass man am Ende auch keine klassische Tauschbörse
mehr allein anbietet, sondern dass eine Kombination von Tauschbörse und Rechte-
managementsystemen möglich ist.

Sind Tauschbörsen nur eine Modewelle?

Die zweite Frage, die ich aufgreifen wollte, ist die Frage, ob das Phänomen bald
wieder verschwindet, d.h. haben wir eine dieser typischen technologiegetriebenen
Modewellen, die sehr schnell wieder vom Programm verschwinden? Dazu nur ein
paar Zahlen; einmal die Entwicklung der illegalen Downloads und die zumindest
geschätzten Auswirkungen auf die Musikverlage. Sie sehen, die Zahlen sind ordent-
lich und steigen immer weiter. 2001, 2002, 24 % Steigerung allein in Deutschland.
Die Zahlen sind natürlich sehr unscharf, weil sie illegal sind und man sie nicht sta-
tistisch erheben kann. Auf der anderen Seite deutlicher Umsatzrückgang in der
Musikindustrie. Man kann auch diskutieren, ob digitaler Austausch über Tauschbörsen und Brennen die einzigen Ursachen sind. Aber es sicher ein wesentlicher
Faktor, der diese Entwicklung beeinflusst.

Also, allein von der Empirie her eine deutliche Sprache. Sehen Sie sich jetzt iTunes
an. Das war das Beispiel, das ich als hybriden Ansatz vorgestellt hatte. Dort kann
man zumindest bei Zahlen aus den USA deutlich erkennen, dass so ein Dienst nachgefragt wird, obwohl eine einzige Musikdatei dort knapp 1 $ kostet, d.h. dass – was
immer diskutiert wurde – die Zahlungsbereitschaft in geringem Umfang da ist. Man

sieht sehr deutlich, dass sich dieses liberalere oder hybride Modell, was von iTunes jetzt in die Diskussion hereingebracht wurde, sich zumindest bei bestimmten Zielgruppen großer Beliebtheit zu erfreuen scheint.

Das soweit von der Empirie, d.h. eine klare Aussage. Das Thema wird wohl nicht verschwinden. Was ist jetzt passiert, d.h. welche Ansatzpunkte haben die Beteiligten ins Feld geführt? Es gibt drei Bereiche, in denen man ansetzen kann: der technische, der ökonomische und der rechtliche Bereich.

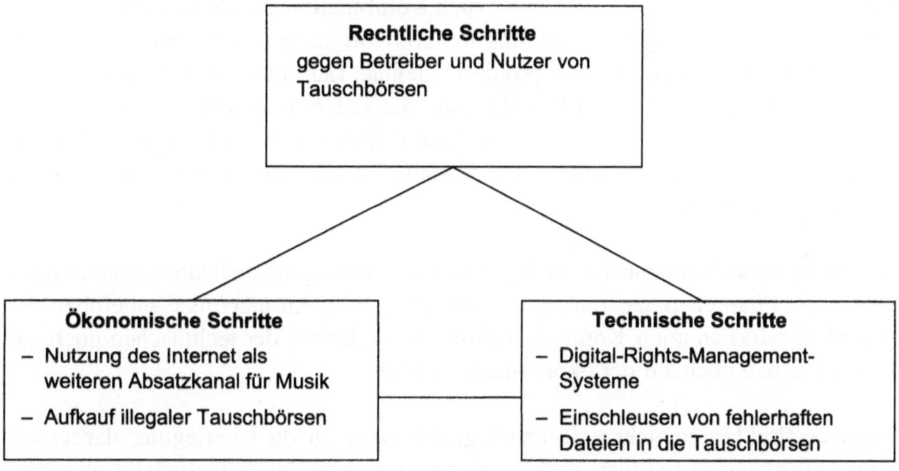

Wenn wir auf den technischen Bereich schauen – das hatte ich Ihnen schon kurz skizziert – wurden teilweise Digital Rights Managementsysteme eingeführt, die teilweise so restriktiv waren, dass Sie Ihre eigene CD nicht mehr nutzen konnten. Dies war ein erster Versuch, der aber auch sehr stark dazu führte, dass die Zahlungsbereitschaft und die Zufriedenheit der Kunden, speziell in der Musikindustrie, tendenziell zurück ging. Diese Methode war also nicht sehr stark von Erfolg gekrönt. Eine zweite technische Möglichkeit ist das Einschleusen von fehlerhaften Dateien, d.h. Sie tauschen etwas in so einem System. Es steht darauf, dass Sie einen bestimmten Musiktitel haben möchten. Sie laden diesen herunter, brennen ihn vielleicht und am Ende ist nach kurzer Zeit ist ein Störgeräusch drauf, oder es ist gar nichts drauf. Das ist bei Musikdateien noch nicht so schlimm. Bei Videos wird es ein bisschen unangenehmer, weil Sie aufgrund der Bandbreitenproblematik sehr lange runterladen müssen. Auf diese Weise hat man ebenfalls versucht, solche Tauschbörsen etwas unattraktiver zu machen, aber auch eher mit marginalem Erfolg. Als Zwischenergebnis auf der technischen Seite erzielte man zwar partielle Erfolge, aber es war nicht der große Durchbruch.

Dann gibt es einen zweiten Bereich, der sehr nahe liegend ist, wenn es um urheberrechtliche Fragen geht, der rechtliche Bereich. In den USA wurde, gerade im privaten Bereich, mittlerweile versucht, Klagen anzustreben. Dort ist noch nicht klar, was daraus wird. Am Anfang hatte das eine abschreckende Wirkung, so zumindest die ersten Berichte. Aber wenn man aus der Musikindustrie kommt muss man immer berücksichtigen, dass man gegen die eigenen Kunden klagt. Auch hält man sich in Deutschland noch sehr stark zurück.

Der dritte Bereich, die ökonomischen Ansatzpunkte: Es gab eine Reihe von Versuchen, auch in Deutschland, in Europa, illegale Tauschbörsen oder genauer illegale Musikangebote aufzubauen. Diese waren nicht sehr erfolgreich. Eine Reihe von Initiativen, einzelne große Labels oder auch Kombinationen einzelner Labels waren zu beobachten; es hat beides nicht funktioniert. Dort hat man scheinbar keine valide Option gefunden. Man hat auch probiert, illegale Tauschbörsen aufzugreifen. Sie kennen noch das Beispiel von Bertelsmann, die sich eine Zeitlang auch sehr stark von der Napster-Idee haben infizieren lassen, hatten sich dort mit Fremdkapital beteiligt, nicht mit Eigenkapital. Bertelsmann ist von seinem Engagement doch wieder zurückgetreten.

Insgesamt – und da möchte ich auch gern meinen Kollegen von heute morgen folgen – ist es ein Phänomen, das man zumindest über diese Ansatzpunkte scheinbar bislang nicht wirklich unter Kontrolle bekommt, weder auf der technischen noch auf der rechtlichen noch auf der ökonomischen Seite.

Wenn das Problem so nicht zu lösen ist, gibt es vielleicht die Überlegung, darin auch einmal eine Chance zu sehen, nicht nur die klassischen Geschäftsmodelle zu verteidigen, sondern sich mehr auf neue Geschäftsmodelle zu konzentrieren.

Wenn man über den Tellerrand der Contentindustrie hinausschaut, wer profitiert denn eigentlich von diesen Überlegungen oder von diesen Entwicklungen? Natürlich die Telekoms, weil sich die Netzauslastung stark erhöht. Es gibt Untersuchungen zu Napster in seiner Anfangszeit in den USA. Demnach hat sich die Netzauslastung durch Napster signifikant nach oben bewegt, d.h. Telekoms haben auf jeden Fall Interesse an solchen Entwicklungen. Natürlich ist auch klar von dem Portfolio eines Konzerns, wenn Sie allein ein Contentgeschäft haben, ist das für Sie ungünstiger, als wenn Sie daneben noch ein Netzgeschäft haben, womit Sie vielleicht intern Verluste kompensieren können.

Der zweite Bereich, der sicherlich auch Interesse an der Entwicklung hat, also das Ganze nicht unbedingt verhindern möchte, ist der Technologiebereich mit Hardware und Software. Da haben wir das Beispiel von iTunes gesehen, das nicht zufällig aus dem Bereich der Hardware kommt, wo natürlich Apple auch ganz klar sagt: wir wollen nie primär Contentprovider werdenSteve Jobs hat Apple bereits als (Internet-) Musikunternehmen bezeichnet!, aber wir wollen unsere Endgeräte verkaufen. Auch dort gibt es letztlich Ansatzpunkte, interessante Geschäfte zu machen. Aus Sicht eines Herstellers wie Sony, der sowohl Musikangebote, aber auch Hardwareangebote hat, ergeben sich dort sicher eine Reihe interessanter Ansatzpunkte.

Zwei weitere Bereiche: die klassischen Medien und insbesondere auch der Entertainmentbereich. Dort könnte es auch andere Ansatzpunkte geben und nicht nur den Versuch, wie bisher Content in Paketen zu verkaufen – so die klassische CD – sondern auch Erweiterung entlang der Wertschöpfung. Es gibt eine Reihe von Anbietern, die schon versuchen, z.B. das Konzertgeschäft wieder sehr stark auf das eigene Unternehmen zu konzentrieren. Dahinter steckt die Idee, letztendlich getauschte Musikdateien als Marketinginstrument zu verwenden. Wenn Sie über solche Tauschbörsen Interesse an einer Musikdatei, einem Musiktitel oder einer ganzen Gruppe generiert haben, ist es natürlich nahe liegend, dass Sie vielleicht auch eher ins Konzert gehen wenn Ihnen der Künstler über die ertauschte Musikdatei bekannt ist. Eine Möglichkeit könnte es auch sein, weg vom klassischen Geschäft, vielleicht doch die neue Entwicklung auf zugreifen.

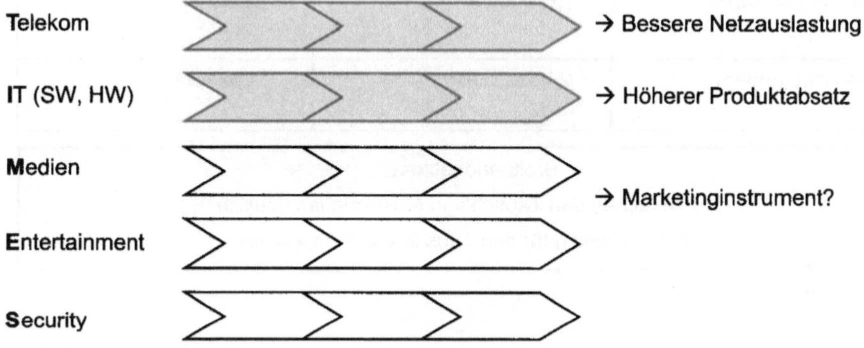

Brauchen Tauschbörsen breitbandige Infrastruktur?

Der dritte Bereich, den ich ansprechen will, nach den Funktionen und den grundlegenden Ideen und der Analyse, ob wir eine Modewelle haben oder nicht, ist die Frage der breitbandigen Infrastruktur. Wir haben das bis jetzt nur kurz angedeutet. Meine Beispiele waren auch eher schmalbandig orientiert, weil Musikdateien auch, wie Sie alle wissen, über schmalbandige Netze in ausreichender Geschwindigkeit ausgetauscht werden können. Da hilft ein einfacher Blick auf die Zahlen. Eine erste Sichtweise vermittelt der Austausch von Musikdateien. Es ist ganz klar zu erkennen, dass in einem nächsten Schritt in ein paar Jahren das gleiche Thema auch für den Austausch von Videos aufkommen wird. Wenn wir hier auf die Zahlen schauen, sehen Sie zunächst durchschnittliche Werte für ein schmalbandiges Netz und für Musikstücke. Hier werden die Videofilme erwähnt und einen Satz weiter werden sie quasi wieder ausgeschlossen? Was wir bisher überhaupt nicht im schmalbandigen Bereich hatten, war der Austausch von Videofilmen. Wenn man eine ganze Sequenz betrachtet, so war es unmöglich, Videos auszutauschen. Aber wenn jetzt Breitband kommt und Sie zumindest nicht den ganzen Film austauschen, sondern Teile des Films, einzelne Clips, einzelne Szenen, oder das vielleicht versetzt nachts oder Video on Demand machen, eine Versetzung rein bekommen, dann wird das schon eher möglich, d.h. durch breitbandige Netze ist der Austausch von Musikdateien vereinfacht. Sie sehen es an der Zahl; diese reduzier sich von 10 Minuten auf 1 Minute. Und das ist die notwendige Voraussetzung, um den Austausch von Videodateien überhaupt möglich zu machen. Mit der Absicht, dann bei den Tauschbörsen ein weiteres Feld zu gewinnen. Da braucht man, gerade wenn man über den Musikbereich hinaus gehen möchte, sicherlich auch etwas, was im Videobereich eine höhere Übertragungskapazität darstellt. Und dafür sind breitbandige Netze sicher das geeignete Mittel.

	Schmalband (ISDN, ~ 64 Kbit/s)	Breitband (DSL, ~ 768 Kbit/s)
Musikstücke (mp3)	~ 10 Minuten	~ 1 Minute
Videofilme (mpeg)	~ 24 Stunden	~ 2 Stunden

Breitbandnetze …
– vereinfachen den Tausch von Musikdateien deutlich
– sind notwendig für den Tausch von Videodateien

Man kann eine zweite Sichtweise anlegen, wenn man überlegt: was kostet mich das eigentlich? Da ist die Preispolitik meistens so, dass wir letztlich für die Nutzungszeit bezahlen. Vielleicht ändert sich das mit breitbandigen Netzen, aber es ist zu erwarten, dass ein ähnliches Gebührenmodell wieder gefahren wird. Eine steigende Bandbreite verringert die Zeit und damit auch die Kosten für den einzelnen Nutzer. Wenn Sie nicht 10 Minuten runterladen, sondern nur 1 Minute, dann zahlen Sie auch nur für 1 Minute und nicht für 10 Minuten. Das kann man über die entsprechenden Minutenpreise etwas kompensieren, aber sicher nicht vollständig. Das heißt, auch für den Nutzer – nicht nur für den Anbieter – sind breitbandige Netze eine interessante Entwicklung, die auch dazu beitragen können, die Kosten sogar zu reduzieren und nicht nur die langen Wartezeiten abzubauen.

Soweit meine Überlegungen an der Stelle. Ich möchte es noch einmal kurz zusammenfassen. Der Treiber, den ich eigentlich als Oberthema dieser Konferenz sehe, sind die breitbandigen Netze. Ich habe nun versucht darzustellen, dass letztlich breit-

bandige Netze Tauschbörsen begünstigen, sowohl im Musikbereich, wo wir dann
sehr kurze Ladezeiten bekommen, aber auch im Bereich der Videos, wo wir dann in
eine erträgliche Nähe kommen, zumindest Teile komfortabel herunter laden können.

Fazit

Es gibt Chancen und Risiken. Ein zentrales Problem ist die Übertragung klassischer
Geschäftsmodelle auf die neue Technologie. Den Musikverlag, – so wie er in den
letzten Jahren und Jahrzehnten wunderbar funktioniert hat – wird es wohl nicht mehr
geben. Auch klassische Maßnahmen werden nicht zum Erfolg führen. Aber es gibt
eine Reihe von Chancen für die Telekoms im Bereich der Netzauslastung, für die
Informationstechnologieunternehmen im Bereich Hardware, aber sicherlich auch
für Medienunternehmen mit neuen Geschäftsmodellen. Ich habe es angedeutet; man
kann versuchen, dort über ein liberales Modell die Contentverteilung zu liberali-
sieren, um da Kontrolle zu haben, z.B. iTunes. Aber es gibt vielleicht auch die Möglichkeit, dort mit ganz neuen Ansätzen (Stichwort: Konzerte) durch Verlängerung
der Wertschöpfungskette in andere Bereiche vorzustoßen.

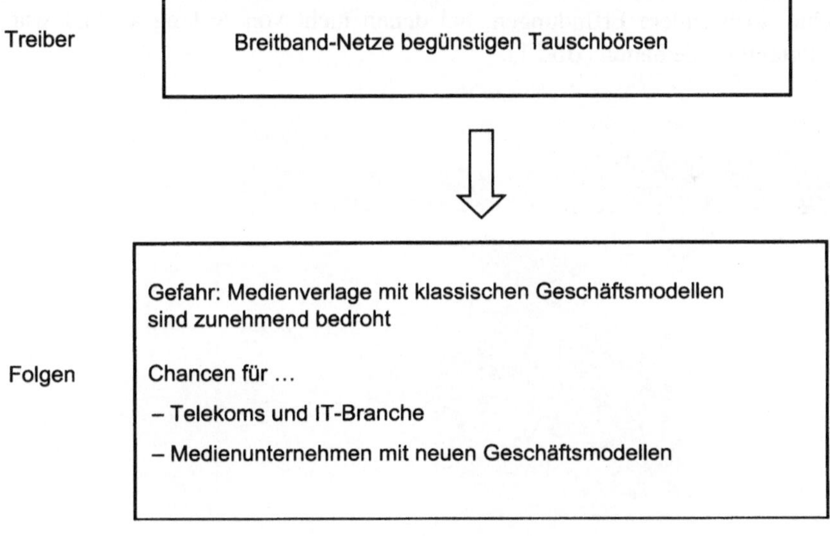

4.2 Wie nützen die Medien die neuen Möglichkeiten des Breitband-Zugangs?

Dr. Constantin Lange
RTL New Media GmbH, Köln

Im folgenden Vortrag werde ich kurz skizzieren, wie sich RTL, als eines der größten deutschen Medienunternehmen, auf die breitbandige Zukunft vorbereitet. Der deutsche Medienmarkt glich in den letzten 10 Jahren einem wahren „Rollercoaster". Wir haben erlebt, wie das Internet gewachsen ist, wie große Unternehmen gewachsen sind und wie sich riesige Marktkapitalisierungen aufgebaut haben. Diese Marktkapitalisierungen sind mit dem Abschwung der New-Economy Hypes verschwunden und treten jetzt verstärkt wieder auf. Parallel hierzu war eine starke Entwicklung des Medienmarktes festzustellen. In der zurückliegenden Zeit gab es wenige Konstanten und die einzige Konstante, die positiv bewertet werden kann, ist, dass RTL seit 1993 Marktführer im Deutschen Fernsehen ist.

Was wird die Technologie des Breitbandzugangs für uns bringen und welche Potentiale hat sie? Leider wissen wir es nicht genau, aber es gab in der Menschheitsgeschichte noch andere Erfindungen, bei denen nicht von Anfang an klar war, welche Potentiale sie hatten (Bild 1).

Bild 1

RTL ist heute im audiovisuellen Medienbereich präsent. Wir haben unsere Markt-position im analogen Fernsehbereich ausgebaut. Im Bereich Teletextapplikationen blicken wir auf ein konstantes Reichweitenwachstum zurück. Im schmalbandigen Internet entwickeln wir unser Angebot ständig weiter und im mobilen Bereich machen wir heute unsere ersten Fingerübungen. Wie wir uns die aktuelle Ausgangs-lage vorstellen, habe ich versucht, auf diesem Chart (Bild 2) darzulegen:

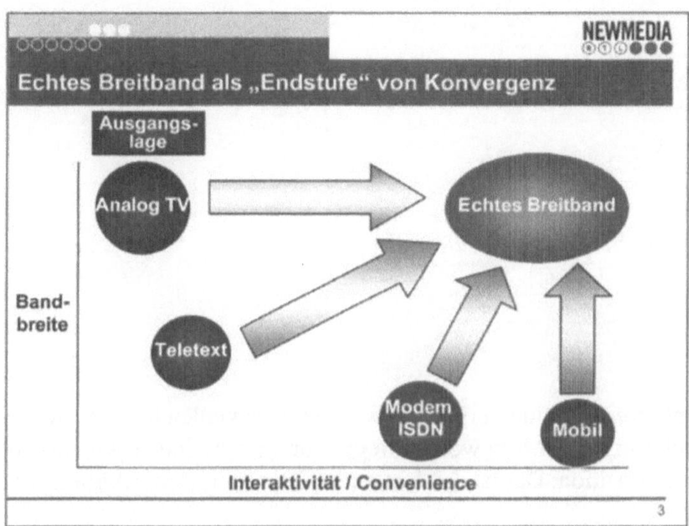

Bild 2

Es gibt zwei generelle Achsen, zum einen die Bandbreite, d. h. die Möglichkeit, wie viele Daten man über die bestehenden Leitungen transportieren kann, und zum anderen die Interaktivität, wie benutzerfreundlich es für den User ist, die Inhalte zu konsumieren.

Alle diese Formen konvergieren in eine Richtung, die wir in Zukunft das echte Breit-band nennen werden. Wie schnell sich der Konvergenzprozess entwickeln wird, ist nicht genau vorherzusagen. Genauso wenig können wir vorhersagen, wie dieses echte Breitband aussehen wird. Sicher ist nur, dass dieser Prozess vorangeht und wir bei RTL versuchen, uns auf diesem Weg möglichst gut mit unserer Kernkompetenz, also unseren Inhalten und Programmen, vorzubereiten.

Nachfolgend ein kurzer Überblick darüber, wo wir heute stehen. RTL ist seit 1993 – im Chart (Bild 3) ab 1998 dargestellt – unangefochtener Marktführer im deutschen Free-TV-Fernsehmarkt.

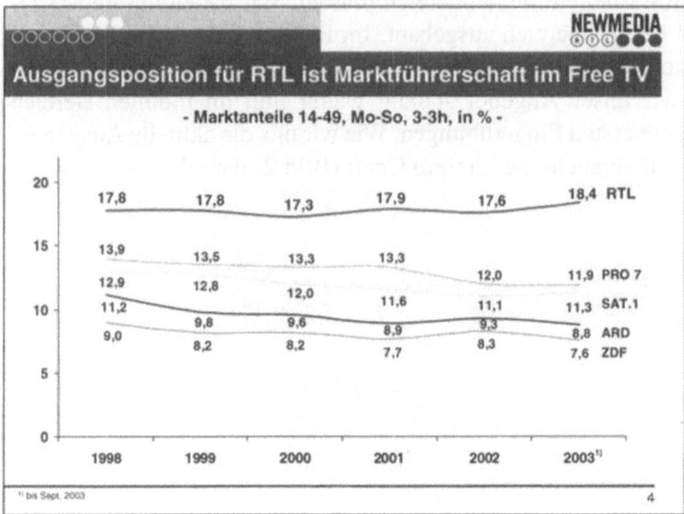

Bild 3

Der Abstand zur Konkurrenz konnte vergrößert werden, was vielleicht auch an der
momentanen Schwäche unserer Mitbewerber liegt. Zur Zeit befinden wir uns in
einer sehr komfortablen Position. Das ist der Ausgangspunkt für unsere Aktivitäten:

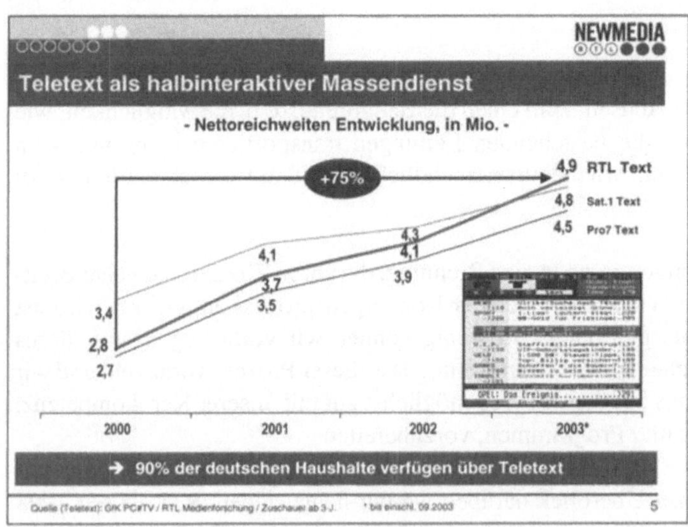

Bild 4

Der Teletext ist ebenfalls eine unserer Stärken, auch wenn das vermutlich vielen nicht bekannt ist (Bild 4). Der Teletext ist ein halbinteraktives Medium, auf das heute über 90 % der deutschen Haushalte zugreifen können. Pro Tag verzeichnen wir derzeit ca. 4,9 Millionen Zugriffe, das ist ein starker Anstieg (75 %) seit dem Jahr 2000. Es zeigt, dass sich auch in diesem Segment die Marktanteile nicht unerheblich verschieben können. Die Konsumenten scheinen sich mehr und mehr für interaktive Inhalte zu interessieren. Die kumulierten Zugriffe im Teletext belaufen sich p.M. auf 25 Millionen. Das ist eine beachtliche Zahl, vergleicht man sie mit den Reichweitenauflagen von Printmagazinen.

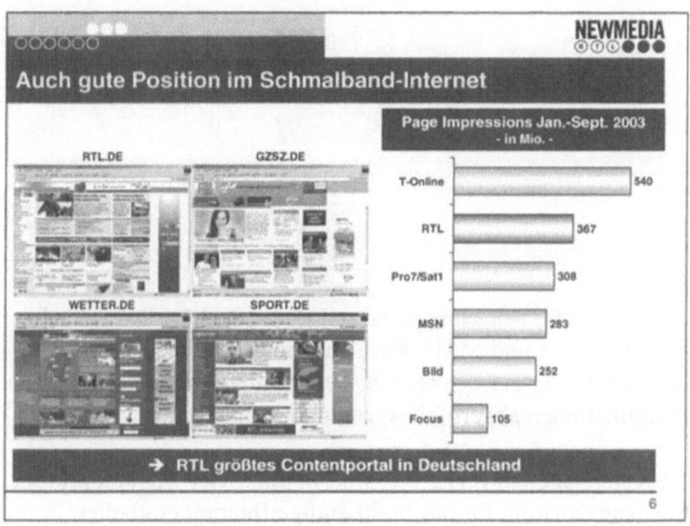

Bild 5

Auch im schmalbandigen Internet konnte RTL in den letzten drei Jahren eine gute Position erarbeiten (Bild 5). Auch dieser Erfolg basiert auf der Kernstärke von RTL, nämlich den Programminhalten. RTL World konnte sich dieses Jahr laut IVW-Messung mit durchschnittlich 367 Millionen Page-Impressions als zweiter Anbieter im deutschen Markt und als größtes Contentportal in Deutschland positionieren. Kernangebot ist die Seite RTL.de, das große Entertainment- und Informationsportal. Des weiteren bieten wir für einzelne Programme Spezialportale an, z. B. GZSZ.de, die im letzten Monat immerhin 17 Millionen Page-Impressions generieren konnte. Die tägliche RTL-Sendung „Gute Zeiten Schlechte Zeiten" erreicht jeden Tag 5,6 Millionen Zuschauer.

Weitere Spartenangebote sind Wetter.de und Sport.de – Angebote, die unabhängig vom Brand RTL stehen, die sich aber gut mit den Nachrichten und Informationsmagazinen von RTL vernetzen lassen.

Bild 6

Auch im mobilen Bereich ist RTL seit einigen Jahren tätig (Bild 6). Das Angebot
umfasst z. B. WAP-Informationen und MMS-Push-Informationsdienste. Seit 2003
bieten wir einen WAP-Live-Ticker an, bei dem zu bestimmten Events Live-Infor-
mationen über WAP-Applikationen abgerufen werden können.

Dies ist die heutige Ausgangslage bei RTL. Wir sind in allen vier Medien präsent
und haben uns eine Ausgangsposition für das breitbandige Internet erarbeitet.

Wir glauben, dass der nächste Schritt, der jetzt kommt und in dem wir uns aktuell
befinden, das limitierte Breitband ist.

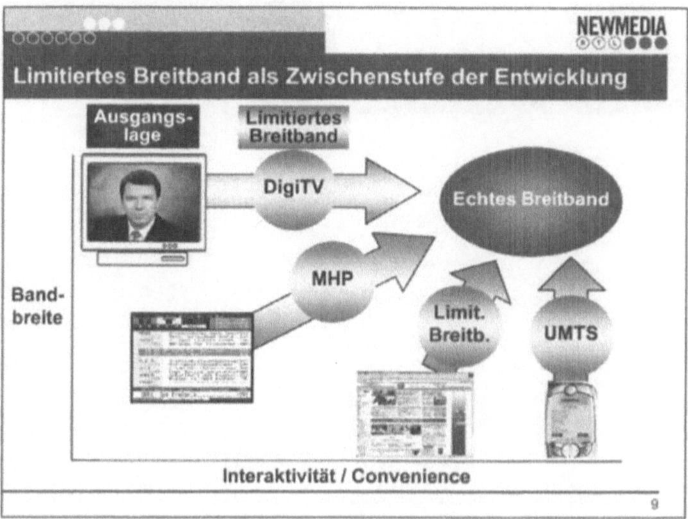

Bild 7

Auf der vorliegenden Folie (Bild 7) sind Anwendungen dargestellt, die noch nicht die gesamten Breitbandmöglichkeiten bieten, die sich aber schon ein ganzes Stück wegbewegen von dem, was wir heute im analogen Bereich sehen. Das Zeitalter des Digitalfernsehens hat begonnen, die Weiterentwicklung des analogen Fernsehens. Das Digitalfernsehen verfügt bereits über erhebliche Bandbreite, was zu einer interaktiven Nutzung fehlt, ist der Rückkanal. Es gibt MHP, eine Applikation, mit der man Teletext schöner, bunter und vielleicht sogar interaktiver darstellen kann. Bottleneck hier ist, dass zur Zeit nur etwa 1.000 Boxen im deutschen Markt existieren. Auch eine gute Idee, aber noch weit entfernt vom Massenmarkt. DSL/LAN scheint im Moment das Medium zu sein, was sich am schnellsten in Richtung echtes Breitband entwickelt. Auch dort ist RTL aktiv. UMTS schließlich ist die konsequente Weiterentwicklung des mobilen Bereichs.

Bild 8

RTL engagiert sich auch in der digitalen Weiterverbreitung von TV-Signalen
(Bild 8). Wir sind zwar nicht Premiere, wir sind kein Pay-TV, aber wir strahlen
unsere Programme seit einiger Zeit auch komplett über Astra Digital aus. Im digitalen Kabel gestaltet sich die Situation etwas schwieriger. Dort befindet sich RTL
mit den Kabelnetzbetreibern in Verhandlung. Derzeit gibt es noch einige Meinungs-
verschiedenheiten darüber, in welcher Form die Programme eingespeist werden
sollen. Die digitale Terrestrik ist eine unserer Hoffnungsträger. Wir glauben, dass
mit der digitalen Terrestrik möglicherweise noch ein zusätzlicher Mehrwert
geschaffen werden kann. RTL ist an dem Projekt in Berlin beteiligt, mit einem vollen
Multiplex für alle unsere Kanäle, nämlich RTL, VOX, RTL II und Super RTL. RTL
wird ebenfalls am digitalen terrestrischen Fernsehen in Nordrhein-Westfalen teil-
nehmen, dessen Start im April 2004 geplant ist. Über diesen Verbreitungsweg wird
RTL seine Präsenz stärken und ausbauen.

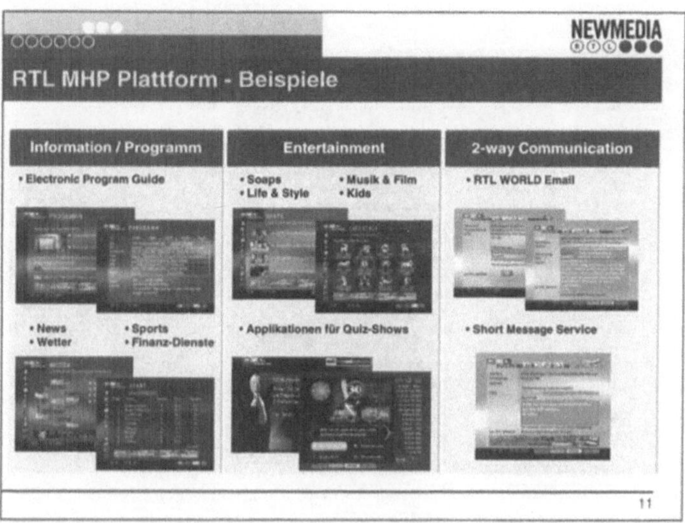

Bild 9

Bereits vor einiger Zeit hat RTL sein Angebot komplett auf MHP umgestellt
(Bild 9). Alle interaktiven Teletextanwendungen werden seit Anfang dieses Jahres
bei RTL nur noch für MHP programmiert. Auch einen Electronic Programme Guide
kann über dieses Angebot genutzt werden. In diesem Segment konnte sich RTL eine
führende Position erarbeiten. Das bedeutet zwar nicht viel, wenn man in Betracht
zieht, dass es nur 1.000 MHP-fähige Boxen gibt. Allerdings half uns dies in diesem
Bereich ein gewisses Know-How aufzubauen. MHP bietet die Möglichkeit Nachrichten und Wetterinformationen sowie Sport- und Finanzdienste abzurufen. Es gibt
Entertainment-Applikationen, die z. B. Horoskope und kleine Applikationen für
Quizshows enthalten. Man kann dort z. B. interaktiv während der Sendung „Wer
wird Millionär?" mitspielen. Es existieren erste Ansätze für 2-Way-Communication
e-mail-Systeme über MHP und ein Short Message Service.

Nun zur wichtigsten Frage in meinem Vortrag: Wie bewegt sich das schmalbandige
Internet zum breitbandigen Internet (Bild 10)?

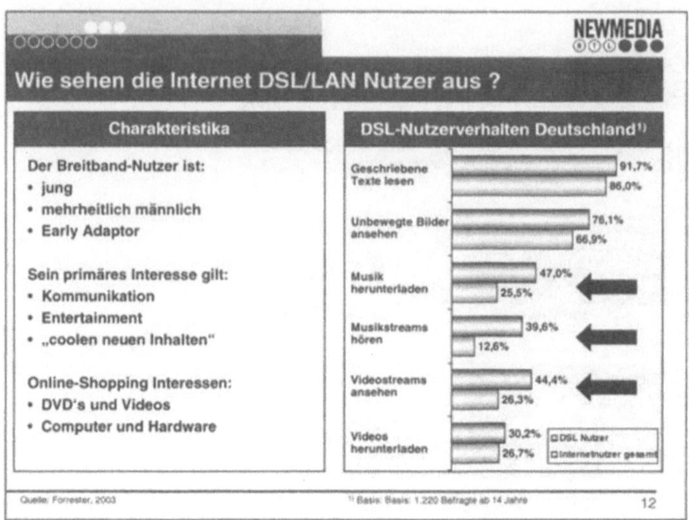

Bild 10

Die Kernfrage, die wir uns als Medienhaus immer stellen, ist: Was interessiert unsere
Nutzer, welche Inhalte können wir ihnen bieten? Was wissen wir über den DSL/
LAN-Nutzer? Wir wissen z.B. zum Thema LAN, dass wir es hier mit vielen Büro-
nutzern zu tun haben. Dies zeigt sich deutlich daran, dass unsere Peak-Nutzungszeit
für unser Online-Angebot gegen 13:00 Uhr liegt. Aus empirischen Studien wissen
wir, dass es sich hier um jüngere Männer handelt, die derzeit noch Early Adopters
sind. Sie haben Interesse an den klassischen Themen, z. B. Kino und Musik. Eine
Studie von Forrester, bei der über 200.000 Leute befragt wurden, zeigt, wie das Interesse von DSL-Nutzern im Vergleich zu Schmalband-Internetnutzern abweicht: In
der Kategorie „Geschriebene Texte lesen" besteht zwischen beiden Nutzern kein
nennenswerter Unterschied. Das Gleiche gilt für die Kategorie „Unbewegte Bilder
ansehen". Jedoch bei den Kategorien „Musik herunterladen", „Musikstreams hören"
und „Videostreams ansehen" unterscheidet sich die Anzahl der DSL- und Schmal-
band-Internetnutzer signifikant, was auf die Schnelligkeit des DSL-Anschlusses
zurückzuführen ist. In der Kategorie „Videos herunterladen" ist erstaunlicherweise
noch kein großer Unterschied erkennbar. Anscheinend bietet der DSL-Anschluß
dem Nutzer keinen echten Vorteil, es geht zwar schneller als beim Schmalband-
Internetnutzer, aber es dauert immer noch sehr lange, um ein Video herunterzuladen.

Wie setzen wir diese Erkenntnisse bei RTL um? Wir bieten Musik-Inhalte an.

Bild 11

RTL verfügt über erfolgreiche Musikformate, z. B. „Top of the Pops“, „Die 70er
Show“ und „Deutschland sucht den Superstar“, mit deren Wertschöpfungskette und
Informationstiefe wir im Internet expandieren können (Bild 11). Wir bieten dort auf-
wendige Künstlerspecials mit Videos und Sounds, aber auch Livestreams an. So gab
es auf RTL.de z. B. anläßlich des Ringfests in Köln in diesem Jahr einen Livestream
von der RTL-Bühne, wo wir den Musikfans Videopremieren und eine umfangreiche
Videolaunch zur Verfügung stellten.

Bild 12

„Deutschland sucht den Superstar" ist eines der Breitband-Vorzeigeformate, was den Entertainment-Bereich heute betrifft (Bild 12). Es ist nicht nur ein Fernsehformat, sondern es konnte auch in viele andere angrenzende Medien verlängert werden, insbesondere dem Internetbereich. Unter RTL.de wurde ein umfangreiches Angebot an Informationen und Bildergalerien erstellt und in der ersten Fernseh-Staffel wurde eine umfangreiche Videolaunch eingerichtet. Diese Angebote wird es auch in der zweiten Staffel geben. Des weiteren fanden wöchentlich Live-Video-chats über das Internet mit den Kandidaten statt, es gab Screenserver und auch Mobile Services. Dieses umfangreiche Angebot wurde von den Nutzern sehr stark frequentiert. So verzeichneten wir Anfang dieses Jahres täglich in der Peak-Phase bis zu 190.000 Videoabrufe pro Tag. Da dieser Ansturm unsere Kapazitätsgrenzen tangierte, haben wir das Angebot kostenpflichtig umgestaltet. Trotz dieser Umstellung erhielten wir weiterhin signifikante Abruferzahlen, insbesondere wenn man vergleicht, wie viele Pay-Abrufe und Downloads vergleichsweise heute im Internet abgefragt werden. 25.000 User pro Live-Videochat bei RTL.de ist unter diesen Umständen ein sehr gutes Ergebnis.

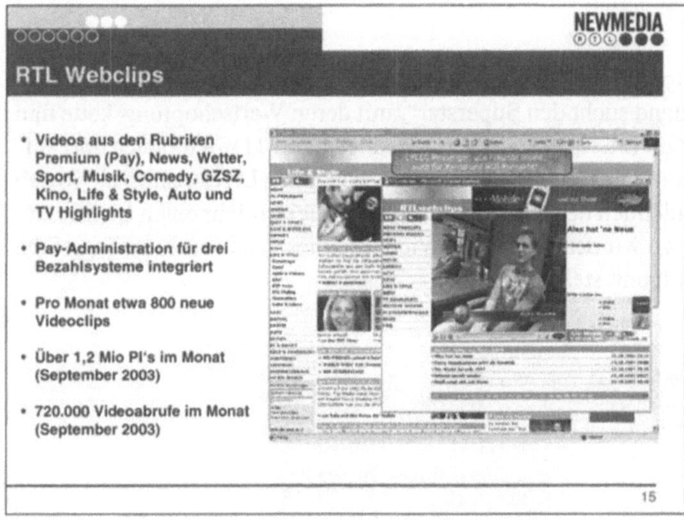

Bild 13

Vom Erfolg dieses Angebotes motiviert, haben wir dieses nun ausgeweitet (Bild 13). Seit 2 Monaten gibt es unter RTL.de eine Web-Video-Launch: RTL-Webclips. Hierbei handelt es sich um einen dedizierten Kanal, in dem das komplette Web-Clip Programm, das bisher verstreut auf unserem riesigen Portal vorhanden war, einheitlich dem Nutzer angeboten werden kann. Dort gibt es Videos aus diversen Rubriken, z. B. Newsletter, GZSZ, Kino, Livestyle, Auto und TV-Highlights. Zur einfachen Online-Abrechnung haben wir drei Bezahlsysteme integriert. Pro Monat wird das Web-Clip-Angebot um ca. 800 neue Videoclips erweitert. Das wirkt auf den ersten

Blick nicht sehr umfangreich, aber es ist eine ganze Menge, wenn man alle Formate technisch konvertieren und vernünftig im Internet publizieren möchte. Im September hat dieses Angebot bereits 1,2 Millionen Page-Impressions generiert, eine Zahl, die uns Hoffnung macht.

Bild 14

Letztendlich bereiten wir unsere Dienste auch für den UMTS-Bereich vor (Bild 14). Bereits jetzt sind wir „Ready for the Future", und können Newsclips von RTL, Sportinformationen und VIP-Informationen in Bewegtbildformat für Mobile Dienste bereitstellen. Aufgrund der Möglichkeit, die unterschiedlichen Channels zu bedienen, können wir heute schon crossmediale Pakete anbieten. Allerdings fehlt es im Moment aber leider noch an Finanzierungsquellen. Vom Endnutzer werden diese Angebote mangels fehlender Verbreitung der entsprechenden Empfänger-Hardware noch nicht ausreichend nachgefragt. Um Lösungsansätze hierfür zu finden, sind wir mit der Industrie in der Diskussion, wie man solche Formate und Angebote wirtschaftlich attraktiv darstellen kann.

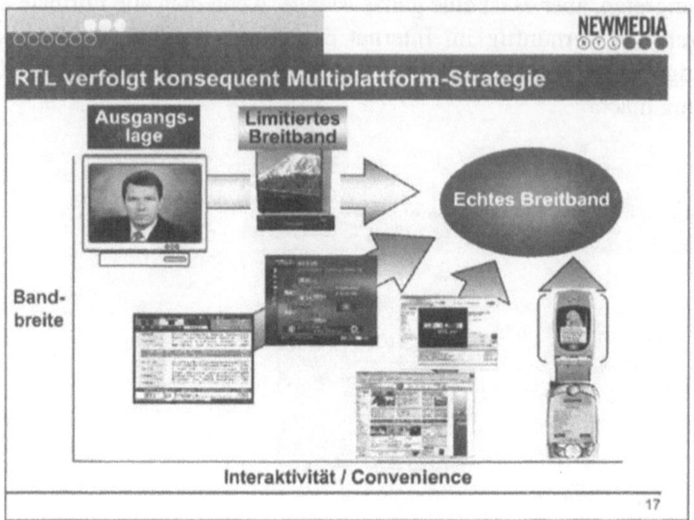

Bild 15

Soweit zur Ausgangslage. In den vergangenen drei Jahren waren und sind wir in den
Ausgangsfeldern Fernsehen, Teletext, Internet und Mobil aktiv und präsent. RTL
konnte sich eine starke Position für die Stufe „limitiertes Breitband" erarbeiten. Wir
sind bereit, den nächsten Schritt in Richtung „echtes Breitband" zu gehen (Bild 15).
Daher richten wir unsere Strategie auf ein Multiplattform-Angebot aus. Das müssen
wir auch, denn unser zentrales Element ist und bleibt das Programm von RTL und
die Inhalte, die wir unseren Zuschauern und Nutzern anbieten. Hierfür ist es letztendlich irrelevant, über welchen Kanal es passiert. Der zentrale Punkt für RTL ist,
dass wir in der Lage sind, über alle Kanäle unsere Kunden zu bedienen und jede
Möglichkeit zu nutzen, mit unseren Kunden zu kommunizieren.

4.3 Breitbandige Dienste über TV-Kabelnetze
Ein Kabel – alles drin: Fernsehen, Radio, Internet und Telefonie

Dr. Norbert Lenge
Bosch Breitbandnetze GmbH, Berlin

Betrachtet man heute den „alten" Kabelanschluss, so stellt man fest, dass er das breitbandige Übertragungsmedium der Zukunft darstellt. Im Bereich der Medienversorgung bietet das Kabel ausreichend Bandbreite, um die simultane Migration von analogem Fernsehen und Radio hin zu digitalem TV und Radio sanft zu gestalten.

Beim breitbandigen Internet profitiert der Endteilnehmer von schnellen Internetangeboten bei fairer Volumenabrechnung sowie dem Schutz vor der Einwahl von 190er Nummern. Dies sind nur einige der Vorteile gegenüber xDSL. Die mit der IP-Technologie in Verbindung stehende bzw. mögliche Voice over IP-(VoIP)-Telefonie rundet das Angebot für den Teilnehmer ab.

TV-Versorgung mit Chancen

Der Endkunde kann heute wählen zwischen einer Vielzahl öffentlich-rechtlicher Sender, privater Sender, Regionalprogrammen, Shopping- und Spartenkanälen. Dieses bis zu 50 Programmen umfassende Angebot wird heute noch analog übertragen – ein Umstand, der für den Verbraucher jedoch irrelevant ist.

Hinzu kommen aktuell circa 60 digitale TV-Programme inklusive des Pay-TV-Anbieters Premiere. Zusätzlich werden bundesweit im Kabel ca. 26 digitale Fremdsprachenprogramme für unsere ausländischen Mitbürger angeboten. Für alle diese digitalen Programme benötigt der Endkunde eine so genannte Set-Top-Box, da – Stand heute – nur analoge Fernsehgeräte am Markt vorhanden sind. Dies wird sich jedoch in den nächsten Jahren schnell ändern.

Insgesamt sind – zumindest in modernen Netzen – etwa 50 analoge und ca. 85 digitale TV-Kanäle im Kabel. Also mehr als 130 TV-Programme heute, einige hundert Programme morgen.

DVB-T mit Einschränkung

Die Anstrengungen der DVB-T-Anhänger, eine Versorgung mit maximal 27 TV-Programmen wie in Berlin anzustreben, sind dagegen vernachlässigbar. In anderen Regionen sind es sogar noch deutlich weniger Programme.

Verwunderlich ist nur, dass politisch die Bereitschaft vorhanden zu sein scheint, hier Millionenbeträge, notfalls auch durch eine Erhöhung der GEZ-Gebühr, zu investieren. Getrieben wird dieser Ausbau nicht durch private Unternehmen, sondern durch die Landesmedienanstalten.

Internet und Telefonie

Etwa seit 1999 werden Fernsehkabelnetze auch zu IP-Netzen hochgerüstet. Einige Bundesbürger – ungefähr 0,1 % aller Internet-Nutzer – nutzen heute bereits das Kabel als Internetzugang. Dieser niedrige Wert in Deutschland, einem Land, in dem das Kabelnetz so flächendeckend ausgebaut ist wie nirgends anders in der Welt, ist extrem niedrig. In Holland sind es z.B. 29% aller Internetnutzer, in Österreich 9%.

Die Erklärung dafür ist, dass sich die Deutsche Telekom eine Monopolstellung geschaffen hat. Dies geschah einerseits durch eine subventionierte, aggressive xDSL-Ausbaustrategie und andererseits durch eine geschickte Verzögerungstaktik bei gleichzeitigem Investitionsstopp während des lange dauernden Verkaufs der Kabelnetze.

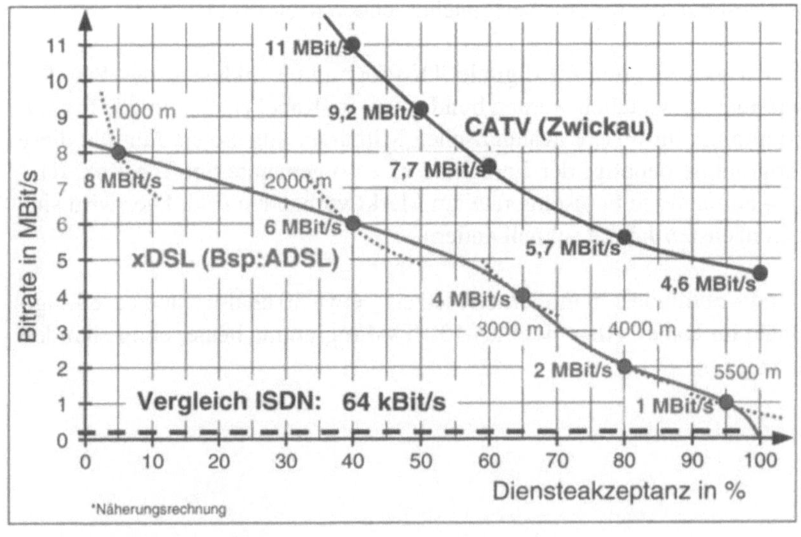

Bild 1

Aber das Kabel kommt: Die Kabelnetze ziehen bei der Internetnutzung jetzt deutlich nach, denn sie sind das technologisch bessere Medium (Bild 1).

Einspeisung von Diensten in die Kabelnetze

Die Versorgung von Kabelnetzen erfolgt für Fernsehen und Radio traditionell über den Satelliten, der Internetzugang und die Telefonie erfolgt am POP über SDH- bzw. ATM-Glasfasernetze. Beide Datenströme werden zusammengeschaltet und verteilt über rückwegfähige HFC-Netze (Hybrid-Fiber-Coax) in großen Wohnanlagen, aber auch in kleineren Wohnsiedlungen (Bild 2).

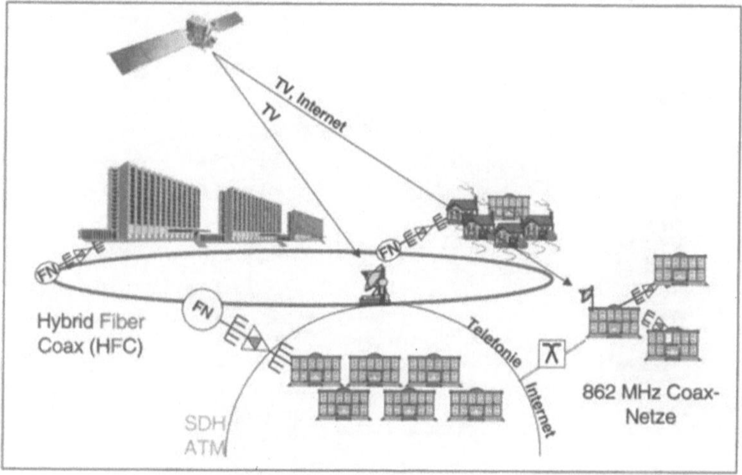

Bild 2

Gebiete, die heute noch nicht rückwegfähig ausgebaut sind, können über Satellit ebenfalls mit Internetdiensten mit bis zu 16 Megabyte Download-Geschwindigkeit versorgt werden.

Bei dieser Technologie erfolgt der Verbindungsaufbau (die „Datenbestellung") schmalbandig über das Telefonnetz. Werden große Datenmengen abgefragt, wird die breitbandige Strecke über den Satelliten und das Kabelnetz hinzugeschaltet. Der Endkunde benötigt zur Nutzung des Dienstes neben der Software lediglich eine DVB-C-Karte und ein Telefonmodem.

Dienste beim Endteilnehmer

Früher bestand die Teilnehmerdose aus zwei Anschlüssen: dem Anschluss für Radio und dem Anschluss für das Fernsehgerät. Zu diesen beiden klassischen Anschlüssen ist nun ein Dritter hinzugekommen, der Anschluss für das Kabelmodem. Ausgehend vom Kabelmodem können mehrere PCs, aber auch Telefonapparate angeschlossen werden.

Besonders wichtig erscheint uns jedoch die Nutzung des Internets im Wohnzimmer über das TV-Gerät. Im Kreise der Familie kann gesurft, E-Mails empfangen und versendet werden. Dies wird ermöglicht durch eine so genannte Web-Box, einem kleinen Rechner ohne Festplatte, der das Fernsehgerät als Bildschirm nutzt (Bild 3).

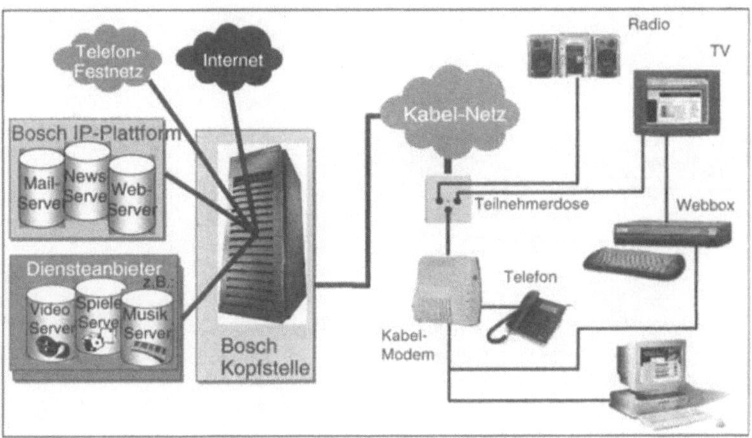

Bild 3

So wird aus dem „alten" Fernsehkabel das „neue" Fernseh- und Internetkabel mit Internet auf dem Fernseher, eben: Ein Kabel – alles drin.

4.4 Größer, schneller, breiter: Das Geschäft mit den Breitband-Angeboten

Burkhard Graßmann
T-Online International AG, Weiterstadt

Einleitung

Das Internet hat es innerhalb kürzester Zeit geschafft, sich einen festen Platz als Informations- und Kommunikationsmedium zu sichern, auch jenseits der ISPs oder Online Shops. Unternehmen, egal aus welcher Branche, steigern mit Hilfe des Internets ihre Effizienz, entwickeln online-basierte Geschäftsmodelle und verändern ihre Marketing- und Werbestrategien. E-Learning, E-Procurement oder E-Government sind nur einige Stichworte dafür, was sich hier tut.

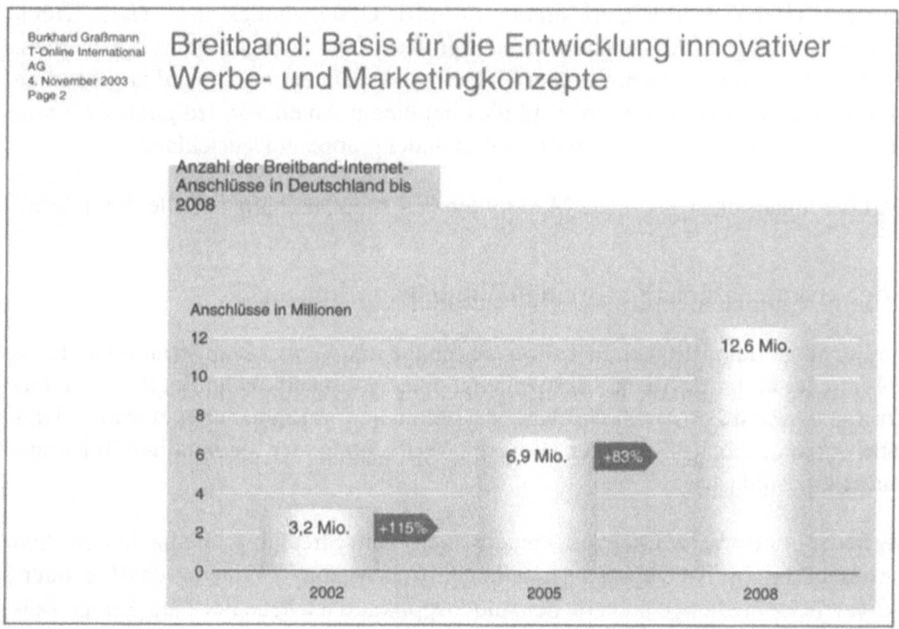

Bild 1

Doch wenn wir heute von den Potenzialen und der zukünftigen Rolle des Internets reden, kommen wir am Thema Breitband nicht vorbei (Bild 1). Wir haben es heute schon gehört: Der Markt entwickelt sich positiv, die Penetration mit Breitband steigt. Nur noch einmal zur Erinnerung: Im Jahr 2002 gab es laut BITKOM 3,2 Millionen Breitband-Internetanschlüsse bei 38,5 Millionen deutschen Haushalten (Statistisches Bundesamt).Bis zum Jahr 2008 wird die Zahl der Breitband-Internet-anschlüsse um über 300 Prozent auf 12,6 Millionen Anschlüsse steigen – so die Einschätzung von Medienunternehmen (Deutschland Online). Somit werden im Jahr 2008 mehr als 30 Prozent der Haushalte über Breitband auf das Internet zugreifen.

Dabei darf die Erschließung des Breitbandmarktes allerdings nicht nur vor dem Hintergrund von Infrastruktur-Aspekten gesehen werden. Sie muss vor allem aus der Perspektive des Nutzens für Wirtschaft und Verbraucher und der Entwicklung innovativer Inhalte und Services betrachtet werden.

Deshalb meine These: Das Internet entwickelt sich durch Breitband vom Kommunikations- und Informationsmedium zum Entertainment-Medium – ohne seine bisherigen Stärken zu verlieren.

Wo liegt für den Kunden und Verbraucher, aber auch für uns Unternehmen ganz konkret der Nutzen des Breitband-Internets?

Zunächst einmal geht es ganz simpel um mehr Geschwindigkeit im Netz. Durch höhere Übertragungskapazitäten können größere Datenmengen bewältigt werden. Bei T-Online sind bereits heute über 90 Prozent des Datentransfers auf breitbandige Verbindungen zurückzuführen. Und dies bei einem Anteil von lediglich 29% von breitbandigen Kunden an unserer Gesamtkundengruppe in Deutschland.

Darüber hinaus entstehen neue Marktpotenziale und Geschäftsmodelle. Inwiefern?

Wie verändern sich die Geschäftsmodelle im Internet?

Breitband ist Innovationstreiber für neue Inhalte und Services und ermöglicht technologische und inhaltliche Konvergenz. Die Breitband-Technologie treibt das Zusammenwachsen der klassischen Massenmedien mit dem Internet voran. Dies führt automatisch auch zu einer stärkeren Verflechtung der Medien- und Telekommunikationsindustrie.

Vertriebs- und Werbestrategien ändern sich: mit Streaming Media lassen sich Bewegtbilder in TV-Qualität darstellen („Rich Media“). Zudem schaffen interaktive, rückkanalfähige und „on demand“ Applikationen neue Formate. Einige Beispiele dazu werde ich gleich noch vorstellen

Kooperationen werden immer wichtiger, um die digitalen Medienmärkte der Zukunft beziehungsweise die Kundenbedürfnisse zu bedienen. Eines steht dabei außer Frage: Die digitalen Plattformen des Internet sind Vorläufer für alle zukünftigen digitalen Medienplattformen.

Schließlich ändert sich auch das Nutzungsverhalten: Unsere Erhebungen zeigen: Surfer mit DSL-Anschlüssen besuchen fast viermal so viele Seiten und verbringen dreimal so viel Zeit im Netz wie Nutzer mit einem normalen Modem. Außerdem kaufen sie häufiger ein und sind somit ein sehr attraktives Klientel.

Übrigens ist auch McKinsey (Quarterly 2003 Number 2) von den Potenzialen des Breitbandes überzeugt. Ein paar Auszüge aus ihrer Analyse:

- Die Medien- und Unterhaltungsbranche erhält durch das Breitband-Internet einen zusätzlichen, digitalen Vertriebskanal.
- Mit Breitband-Zugängen wird das Internet nicht mehr nur für Chat und E-Mail genutzt. Eine große Palette von neuen Anwendungen, wie Digitales Video und Musik, findet den Zugang zum Massenmarkt.

Auch die Umsatz-Zahlen können sich langsam sehen lassen. Das Breitband-Geschäft beginnt, erste Erträge einzufahren: Im Jahr 2002 betrug der weltweite Umsatz von Breitband-ISP's 20 Milliarden US-Dollar. Mit anderen Worten: Die Nutzer sind zunehmend bereit, für Qualität im Internet zu bezahlen.

Beispiele für neue Geschäftsmodelle bei T-Online

Der Vertrieb breitbandiger Güter, der nun auf wesentlich größere Absatzmärkte stößt:

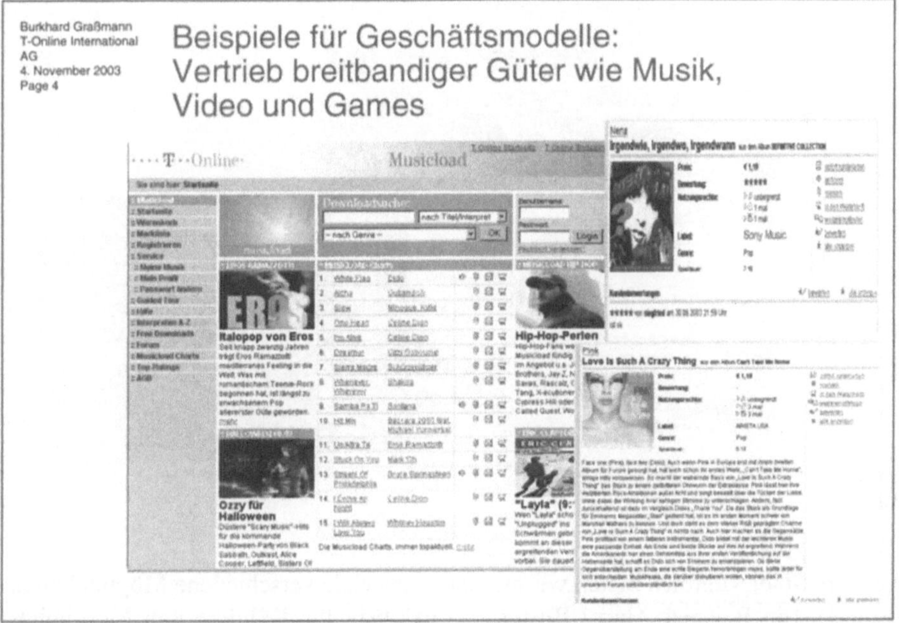

Bild 2

Ein Beispiel ist die Entwicklung von Marktplätzen zum Musik-Download (Bild 2): Aktuelle Schätzungen gehen davon aus, dass musikbegeisterte Surfer in Europa im Jahr 2007 Musikstücke für 1.3 Milliarden Euro aus dem Netz herunter laden – und zwar legal. Im Apple iTunes Musicstore beispielsweise gingen in den letzten sechs Monaten 14 Millionen Musikstücke über den neu geschaffenen virtuellen Ladentisch (dpa-Meldung vom 21.10.2003). Und das obwohl der Service derzeit nur für Besitzer eines Apple-Computers in den USA zur Verfügung steht.

Auch wir sind bei diesem Thema – dem Vertrieb von breitbandigen Inhalten – stark engagiert. T-Online bietet allen Musikinteressierten unter www.musicload.de ein umfassendes Angebot an attraktiven Songs zum Download in bester Qualität. Zum Start auf der IFA 2003 standen bereits rund 20.000 Titel zahlreicher nationaler und internationaler Künstler zur Verfügung. Das Angebot wird kontinuierlich ausgebaut. T-Online realisiert musicload gemeinsam mit den renommierten Plattenfirmen BMG, edel music, Kontor, Sony Music, Warner Music Germany und EMI und ist mit weiteren Anbietern in Verhandlungen. Die Musikstücke kosten je nach Aktualität ab 0,99 Euro (zzgl. Zugangsentgelte). Bezahlt werden kann über die Telefonrechnung der Deutschen Telekom oder mit Kreditkarte. Der Download der Songs ist einfach und komfortabel. Zur Verfügung stehen sowohl einzelne Titel als auch komplette Compilations und Alben.

Bild 3

Auch im Spiele-Bereich bieten wir mit onGames viele verschiedene Möglichkeiten (Bild 3). Ein Beispiel: Harry Buster, das exklusiv für T-Online von Moorhuhn-Erfinder Ingo Mesche und Drehbuchautor Claude Cueni, von dem die Spielidee stammt, entwickelt wurde. Der erste Level des Spiels kann ohne zusätzliche Kosten im Spiele- und Finanz-Portal von T-Online herunter geladen werden. Der Download des kompletten Spiels kostet 4,50 Euro (zzgl. der nach dem gewählten T-Online Tarif anfallenden Entgelte). Die Bezahlung erfolgt bequem mit MicroMoney, der Guthabenkarte von T-Pay, oder für T-Online Kunden über die Telefonrechnung der Deutschen Telekom.

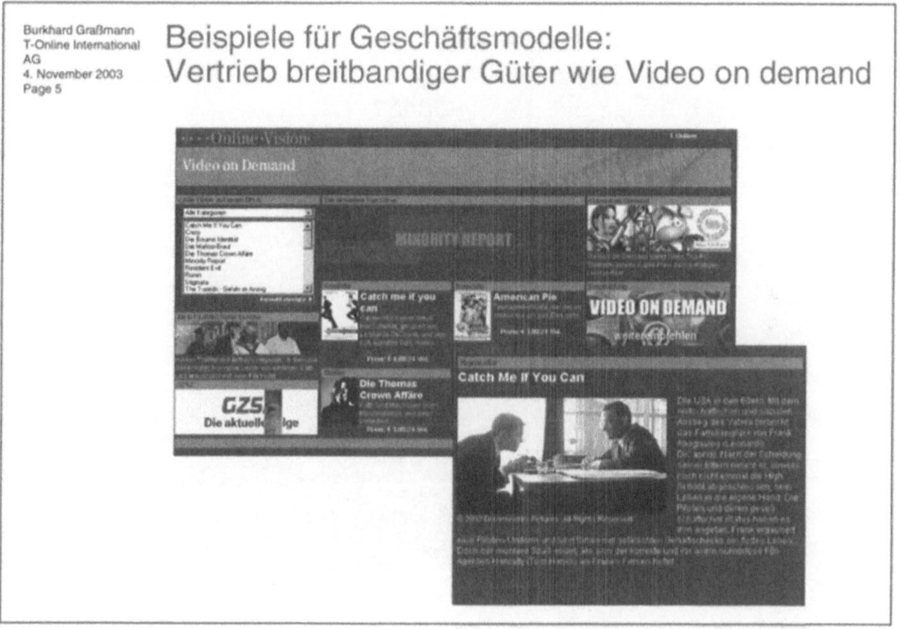

Bild 4

Und natürlich bei Video-on-Demand (Bild 4): Universal und DreamWorks stellen T-Online Kinofilme sowie weitere Produktionen zur Verfügung, die jeweils für einen begrenzten Zeitraum über Video on Demand-Services abgerufen werden können. Vergangenen Monat haben wir auch mit der MGM International Television Distribution, eine Tochter von Metro-Goldwyn-Mayer Inc. einen Vertrag geschlossen. MGM wird uns künftig mit Filmen für unseren Video-on-Demand-Service beliefern.

Wir bekommen damit Zugang zu einem Archiv mit rund 4000 Titeln, die derzeit weltgrößte Sammlung aktueller Filme.

Das gleiche gilt für die Filme der deutschen Constantin-Film (Der Schuh des Manitu, Emil und die Detektive, American Pie). Damit können wir unser Video on Demand-Angebot neben MGM um weitere Top-Titel ergänzen.

TV und Internet wachsen zusammen.

Was heißt das: Bisher nutzten die sogenannten „Lean Forward Nutzer", also die klassischen PC-Nutzer das Internet, um sich über mit Informationen zu versorgen (Bild 5). In Zukunft werden auch sogenannten „Lean Backward Nutzern" auf das Medium zugreifen, also klassische TV-Nutzer.

Bild 5

Ein großes Thema, auf der diesjährigen IFA im Mittelpunkt der Diskussionen. Unsere Antwort darauf lautet: T-Online Vision. Es macht das Internet auch über das Fernsehen verfügbar. Damit steht den Nutzern ein für das Endgerät Fernsehen optimiertes T-Online Internetportal mit aktuellen News und Informationen aus den Bereichen Unterhaltung, Sport, Movies, Musik und Games zur Verfügung. Zusätzlich können sie eMail-Kommunikationsdienste nutzen. Mit dem in das Gerät integrierten digitalen Videorecorder lassen sich Sendungen aufzeichnen. Auch zeitversetztes Fernsehen ist möglich.

Mit diesem Angebot führen wir unsere Strategie konsequent weiter, das Internet auch medienkanalübergreifend zugänglich zu machen und damit Internet-Entertainment auf eine neue Plattform zu stellen.

Durch die Kombination von Audio und visuelle Elementen profitieren auch Werbung und Marketing.

TV-Spots und Rich Media-Werbung wachsen zusammen (Bild 6) Dadurch wird das Internet für die Marketeers zunehmend interessant: Die Branding Power der bewegten Bilder verbindet sich mit der genauen Zielgruppenmessung des Internets. So entstehen neue Erlebniswelten.

Bild 6

Eine wichtige Rolle spielt dabei auch die Interaktivität (die beispielsweise die TV-Werbung vermissen lässt): Über 50 Prozent der in unserer Studie „Deutschland online" befragten Unternehmen (wohlgemerkt auch Medienunternehmen) meinen, dass das Internet wegen der interaktiven Möglichkeiten besser als andere Plattformen geeignet ist, um zum Beispiel Produkteigenschaften zu kommunizieren.

Im Hinblick auf den Vertrieb ergeben sich neue Möglichkeiten:

Durch Breitband wird zum Beispiel das Shopping attraktiver (Bild 8). Unsere Shopping-Shows vereinen Unterhaltung und Information – ein guter Mix, der auf großes Kundeninteresse stößt. T-Online wird damit nicht zum TV-Anbieter oder Fernsehkanal, sondern stellt seine interaktiven Dienste auf einer bisher nicht genutzten Plattform zur Verfügung.

Bild 7

Damit erreichen wir neue Zielgruppen. Die Kunden werden verstärkt im Wohnzimmer – und damit in einer insbesondere für Entertainment-Inhalte geeigneten
neuen Nutzungssituation jenseits der Arbeitswelt – angesprochen.

Fazit: Entertainment erobert das Internet!

Die Möglichkeiten von Breitband sind vielfältig wobei wir bei der Ausschöpfung
der Möglichkeiten erst am Anfang stehen.

Eines erscheint mir in diesem Zusammenhang jedoch sehr wichtig: Das Vertrauen
unserer Kunden. Deshalb müssen wir uns unter anderem verstärkt um sichere und
nachvollziehbare Prozesse für die Abwicklung von finanziellen Transaktionen, also
der Bezahlverfahren, über das Internet bemühen.

Unsere Herausforderung wird in jedem Falle sein, die Kundenbedürfnisse in
Zukunft noch genauer zu identifizieren, um Breitband-Internets insbesondere für
unsere Kunden noch attraktiver zu machen.

5 Podiumsdiskussion

Moderation:
Prof. Dr. Arnold Picot, Universität München

Prof. Picot:
Meine Damen und Herren, ich begrüße Sie zu unserer abschließenden Runde, die
zunächst darin bestehen wird, dass wir vier fachliche kompakte Statements unter-
schiedlicher fachlicher Sicht auf unsere Gesamtthematik bekommen. Ich bin sehr
froh, Ihnen vier ausgewiesene Fachleute vorstellen zu können.

Wir werden zunächst von Herrn Joachim Döring, dem Chef-Strategen von Siemens
ICN, ein Statement mit dem Titel „Was leistet die Breitbandigkeit und was kostet
sie?" hören, also noch einmal einen Gesamtblick aus wirtschaftlicher Sicht auf unser
heutiges Diskussionsfeld erhalten.

Dann haben wir von Herrn Prof. Skiera, Universität Frankfurt, einen Beitrag zum
Thema „Preismodelle in einem schnellen Internet". Wir haben heute häufiger Hinweise zu Preismodellen, zur Preispolitik, zu hohen oder zu niedrigen Preisen usw.
gehört. Prof. Skiera hat auf diesem Gebiet sehr interessante Untersuchungen ange-
stellt. Er beobachtet seit Jahren, ob und wie die Preispolitik sich im Internet anders
darstellt als woanders und worauf hier zu achten ist.

Ferner darf ich Ihnen Herrn Ossi Urchs von der F.F.T. Medienagentur in Offenbach
vorstellen. Er ist Journalist, TV-Regisseur und Internetberater und seit vielen Jahren
im Medienbereich, auch im IT- und internetnahen Medienbereich sowie im Fernsehbereich tätig. Er wird sich mit der Frage beschäftigen „Freier Zugang zu Informationen auch im Breitband Internet?" Das ist eine sehr wichtige Dimension, die heute
auch noch kaum beleuchtet wurde. Wem steht eigentlich der Zugang zum breitbandigen Internet unter welchen Bedingungen offen?

Und schließlich wird uns Herr Stefan Doeblin, der CEO der network economy AG
Brüssel und Frankfurt, einer Unternehmung, die sich mit verschiedenen Aspekten
von vernetzten Infrastrukturen beschäftigt, das Breitband als Wirtschaftsfaktor aus
seiner unternehmerischen Sicht vorstellen.

Ich darf dann gleich Herrn Döring bitten, uns seine Botschaften und Thesen vorzustellen.

Herr Döring:
*(Das Referat „Was leistet die Breitbandigkeit und was kostet sie?" ist Ziffer 5.1.
dieses Buches)*

Prof. Picot:
Vielen Dank, Herr Döring, für diese umfassende Darstellung von Nutzen und Kosten. Herr Kollege Skiera bitte!

Prof. Skiera:
(Das Referat „Preismodelle in einem schnellen Internet" ist Ziffer 5.2 dieses Buches)

Prof.Picot:
Vielen Dank, Herr Skiera. Damit darf ich überleiten zu Herrn Ossi Urchs. „Freier Zugang zu Informationen auch im Breitband-Netz".

Herr Urchs:
(Das Referat „Freier Zugang zu Informationen auch im Breitband-Netz?" ist Ziffer 5.3 dieses Buches.)

Prof. Picot:
Vielen Dank, Herr Urchs. Sie haben uns deutlich gemacht, dass freier Zugang nicht kostenfrei heißen muss, sondern vor allen Dingen öffentlich und diskriminierungsfrei. Aber dass es sicherlich auch im Bereich der Kostenfreiheit bestimmte Felder gibt, auf die Sie zum Schluss hingewiesen haben. Nun gehen wir über zu Herrn Doeblin. Breitband als Wirtschaftsfaktor aus der Sicht eines Infrastrukturspezialisten.

Herr Doeblin:
(Das Referat „Breitband als Wirtschaftsfaktor" ist Ziffer 5.4 dieses Buches.)

Prof. Picot:
Vielen Dank auch Ihnen, Herr Doeblin. Meine Damen und Herren, wir haben noch einmal vier ganz unterschiedliche Denkanstöße erhalten, genug um die Abschlussdiskussion zu starten. Ich schlage vor, dass wir aus Ihrer Runde den einen oder anderen Kommentar oder die eine oder andere Frage, kritische Nachfrage oder auch Vorschlag aufgreifen, um das dann gemeinsam zu diskutieren. Bitte sehr, dort ist eine Wortmeldung. Wenn Sie so nett sind, Ihren Namen zu sagen und dann Ihr Statement zu machen.

Dr. Plückebaum, Isis-Multimedianet, Düsseldorf:
Das Henne-Ei-Problem ist ein Thema, was mich schon länger beschäftigt. Wir schaffen genau so wie die Telekom ja auch jede Menge Potenzial, die DSL-Coverage liegt in Deutschland heute bei 70 % der Haushalte. Die Infrastruktur ist also vorhanden. Mit anderen Worten: jetzt ist eigentlich erst einmal wieder das Thema Content dran, was ziehen müsste.

Der Ansatz von Herrn Doeblin ist aus meiner Sicht hoch interessant. Das Thema „Fibre to the curb" in dem Sinne, dass man sich im Zweifel mit Glasfaserinfrastrukturen bis zum KVZ bewegt und von da über Kupfer in die Hauhalte geht, wäre leichter finanzierbar als gleich jedes Haus per Glasfaser zu erschließen. Das ist etwas, was uns auch schon länger bewegt. Es setzt aber noch gewisse regulatorische Notwendigkeiten voraus. Versuchen Sie einmal, von der DTAG die KVZ-Informationen zu bekommen. Wo gibt es die überhaupt? Wo gibt es überhaupt KVZs? Wenn Sie welche kriegen, sind sie unvollständig und stimmen nicht. Im Übrigen kriegen Sie nicht die Einzugsbereiche, also wie viel Haushalte gehören zu welchem KVZ? An diesem Thema sind wir schon seit Jahren. Bis jetzt war auch die RegTP nie bereit, so weit überhaupt zu denken.

Prof. Picot:
Vielen Dank. Inhalte sind wichtig und Glasfaserausbreitung stößt auf regulatorische und informatorische Probleme. Herr Doeblin, erleben Sie schon solche Probleme bei den Vorgesprächen, die Sie führen?

Herr Doeblin:
Content ist eine wichtige Sache, und das ist sehr arbeitsteilig. Es gibt genug Contentindustrie, die sich darüber Gedanken macht, und damit beschäftigen wir uns eher nicht.

Zu dem anderen Thema; das ist natürlich eine sehr sensible Geschichte. Wir glauben, dass die Struktur, die wir gewählt haben, eher regulationsvereinfachend ist. Natürlich ist es ein Regulationsthema, und wir sind auch mit den Regulierern in verschiedenen Ländern im Gespräch, was aber noch nicht abgeschlossen ist. Wir sind eigentlich sehr zuversichtlich, auch deshalb zuversichtlich, weil man um die Finanzierung letztendlich nicht herum kommt, egal welches Haus sie macht oder nicht macht.

Prof. Picot:
Wenn ich den Ansatz von Herrn Doeblin richtig verstanden habe, dann würde der auch durchaus den, wie auch immer gearteten oder wo auch immer befindlichen Incumbent mit einschließen als Partner. Das heißt, der müsste, wenn er auch wirklich mitmacht, ein Interesse daran haben, dass diese Informationen zur Verfügung gestellt werden, denn er könnte ja wie andere auch ein Nutznießer dieser Infrastruktur sein.

Herr Doeblin:
Genau.

Prof. Picot:
Vielen Dank. Ich möchte eine Frage an Herrn Skiera richten. Wir haben gehört, Flatrate versus Pay-per-Use. Das ist überzeugend dargestellt worden. Allerdings hat uns auch Herr Urchs gesagt, dass er in bestimmten Zusammenhängen für ein down-

loadbezogenes Bezahlen plädiert und nicht für einen Abo-Service. Mich würde interessieren, Herr Skiera, wo sehen Sie die Grenzen von Flatrate? Wo muss man vielleicht auch eine leistungsbezogene Bezahlung bzw. Preismodell verfolgen im Breitbandsektor? Was sagt der Preisspezialist zu der ganzen Bündelprodukt- und Bündelangebotsthematik, die heute auch mehrfach als eine bestimmte Form angesprochen wurde, USP zu schaffen von Seiten der Service-Provider?

Prof. Skiera:
Zu Ihrer ersten Teilfrage. Es ging in der Untersuchung immer um Situationen, in denen Konsumenten gleichzeitig ein Pay-per-Use und ein Pauschaltarif angeboten wurden. In solchen Situationen haben wir festgestellt, dass die Leute einen Pauschaltarif wählen, obwohl sie mit dem Pay-per-Use Tarif günstiger gefahren wären. Offensichtlich genießen sie die Einfachheit, und es erlaubt zudem den Internet Service Providern noch zusätzliche Gewinne zu machen. Aber das heißt nicht, dass Pay-per-Use Tarife verschwinden müssen. Im Gegenteil: zum Erreichen weiterer Segmente ist dies normalerweise sehr nützlich. Bei Ihrer Bündelproblematik ist das eine andere, sehr spannende Sache. So kann man bei Preisbündelung sehr einfach zeigen, dass die Vorteilhaftigkeit, ob ich zwei Produkte bzw. zwei Dienste bündeln soll, sehr stark davon abhängt, wie die Kostenstruktur der beiden Produkte bzw. Dienste aussieht. In dem Moment, wo Sie zwei Dienste bündeln, die sehr niedrige variable Kosten haben, laufen Sie nicht Gefahr, dass Sie einen Dienst mit einem anderen kombinieren, bei dem die Zahlungsbereitschaft des Nutzers unter Ihren variablen Kosten liegt. Im Internet sind die variablen Kosten für Dienste häufig annähernd Null, so dass die Zahlungsbereitschaft immer über diesen Kosten liegt. Das ökonomisch Attraktive daran ist, dass Sie nie Gefahr laufen, mit dem einen Dienst den anderen Dienst zu subventionieren.

Ein kleines Beispiel: Wenn Sie zwei Dienste koppeln, bei denen Sie beispielsweise 1 Euro variable Kosten haben und für den einen Dienst eine Zahlungsbereitschaft von 2,50 Euro und für den andern von 50 Cent vorliegt, dann können Sie beide Dienste gebündelt für 3 Euro anbieten. Das ist genau das, was der Konsument zu zahlen bereit ist und Sie machen dann einen Gewinn von 1 Euro. Sie würden aber besser fahren, wenn Sie nur einen Dienst anbieten, z.B. für 2,50 Euro und 1 Euro an Kosten dagegen stellen. Nun machen Sie 1,50 Euro Gewinn, also genau 50 Cent mehr, die Sie für den Konsum des einen Dienstes quasi subventionieren mussten. Wenn die variablen Kosten bei Null liegen würden, hätten Sie nie das Phänomen gehabt, dass sie mit 50 Cent Gewinn des einen Dienstes letzten Endes den anderen Dienst subventionieren müssen. Zur Bündelungsproblematik kann man von daher ganz klar als Daumenregel sagen: Sie können in aller Regel nicht schlecht damit fahren, wenn Sie Dienste bündeln, die variable Kosten von Null haben. Wenn Sie Dienste bündeln, wo Sie signifikante variable Kosten haben, sollten Sie sehr vorsichtig sein.

Prof. Picot:
Danke schön. Herr Urchs!

Herr Urchs:
Ich wollte einfach nur noch einmal darauf hinweisen, dass man die Flatrates nicht verwechseln sollte mit dem, was ich bei Pay Per Download bei „Content-Angeboten" meinte. Ich kann mir durchaus vorstellen, dass viele Leute geneigt sind, eine Flatrate für den Access zu bezahlen, aber sicherlich nicht für Content. In der Content-, in der Medienindustrie ist es ein Holzweg, dass man denkt, aufgrund einfacherer Planungs- und Projektionsmechanismen favorisieren wir ein Abonnementsmodell. Das wird nicht funktionieren, sondern da wird jeder Nutzer immer sofort sagen, dass er nur für das zahlt, was er gern hätte. Ich gehe ja auch nicht in ein Plattengeschäft und kaufe en passant mir irgendwelche 10 CDs.

Prof. Picot:
Aber da beobachten wir doch unterschiedliche Fälle in der Praxis. Herr Skiera, wie sehen Sie das?

Prof. Skiera:
Das klassische Beispiel für einen Pauschalanbieter ist im Grunde genommen ein Anbieter wie AOL. Dort bezahlen Sie pauschal für E-Mail, für Webseiten-Platz, für die Teilnahme an Communities, für Chats und dergleichen mehr, ohne dass sich Nutzer darüber beklagen, dass sie eigentlich für Angebote bezahlen, die sie nicht wahrnehmen. Das Gute für AOL ist: Sie haben letzten Endes Dienste mit variablen Kosten von Null gebündelt, und das ist sehr wohl etwas, was Konsumenten akzeptieren.

Meine Vision würde mehr dahin gehen, Anbieter wie einen T-Online zu sehen, der zukünftig mit dem monatlichen Grundpreis zusammen das Recht anbietet, den Content von anderen Anbietern noch mit zu nutzen. Dann wäre die Aufgabe für ein T-Online mit einer entsprechenden Kundenkarte noch abzurechnen, was er an die einzelnen Contentanbieter im Sinne eines Revenue Sharing weiter leiten muss. Ich könnte mir das durchaus als profitables Geschäftsmodell vorstellen.

Prof. Picot:
Herr Doering wollte kurz eine Bemerkung dazu machen und danach die nächste Wortmeldung.

Herr Döring:
Ich glaube, was wir hier noch beachten müssen, ist, dass die Anbieter der Dienste Geld verdienen wollen. Sicher ist die Psychologie der Preismodelle so, dass wir alle lieber das große Paket, die Flatrate, nehmen, aber diese soll dann bitte auch im Preis sehr niedrig sein. Auf der anderen Seite diskutieren wir heute über Technologien, die eine Menge Geld kosten. Ein passiver optischer Anschluss kostet ca. 300 €. Das wird

zukünftig auch nicht deutlich nach unten gehen. Wie soll sich das rechnen? Letztendlich hat der Anbieter nur die Wahl, tatsächlich ein Bündel anzubieten. Ein Basis-Paket für den Zugang und über das, was als Mehrwertdienst geboten wird, sollte der Anbieter tatsächlich wieder per Minute oder per Benutzung abrechnen, um die Umsatzflüsse, mit der Telephonie die nach unten gehen, entsprechend zu kompensieren.

Herr Enaux, Anwalt:
Ich möchte ganz kurz eine andere Bündelproblematik ansprechen, und zwar die Bündelung zwischen Access und Content. Herr Döring hat die Notwendigkeit offener Serviceplattformen angesprochen, Herr Döblin hat noch ein weitergehendes Modell entwickelt, Herr Urchs sprach von freiem Zugang zu Informationen. Gleichzeitig haben wir heute Morgen von Herrn Noam eine recht beeindruckende Konzentrationszahl für den deutschen Breitbandmarkt erfahren und auch vorhin im Beitrag über das Kabelnetz gesehen, wie gering entwickelt doch der Breitbandzugang über Kabelnetze ist. Soweit ich verstanden habe, sollen z.B. die neuen T-Online Content-Angebote zumindest bei Nutzung der Settop-Box ausschließlich über einen T-DSL-Zugang möglich sein. Inwiefern sehen Sie durch derartige Bündelungsstrategien zwischen Access und Content eine Gefahr für die Entwicklung des Wettbewerbs der verschiedenen Übertragungstechniken auf dem Weg zu breitbandigeren Anwendungen?

Prof. Picot:
Vielen Dank. Das ist noch einmal die Bündelung in die andere Richtung. Vielleicht können Sie etwas dazu sagen, Herr Skiera?

Prof. Skiera:
Sie sprechen eine Regulierungsproblematik an. Ich will ein paar Jahre zurückgehen. Man hätte sich überlegen können, ob das Kabelnetz der Deutschen Telekom privatisiert wird oder zumindest losgelöst vom Contentgeschäft angeboten wird. Man hätte auch noch weiter zurückgehen können, ob nicht das Festnetz an eine Betreibergesellschaft hätte ausgelagert werden sollen. Wahrscheinlich wäre das sinnvoller gewesen. Auch wenn wir das Kabelnetz früher ausgelagert hätten oder sogar das DSL-Netz ausgelagert hätten, könnten wir da jetzt für mehr Wettbewerb sorgen. Aber ich glaube, die Chance ist vertan. Von daher ist es auch müßig, darüber zu diskutieren, ob das der vermeintlich bessere Weg gewesen wäre.

Prof. Picot:
Die gestellte Frage wird letztlich wettbewerbspolitisch zu klären sein. Es wird zu prüfen sein, ob in dem jeweiligen Markt, in dem ein solcher Anbieter tätig ist, eine Marktbeherrschung vorliegt oder gar ein Marktmissbrauch auf Basis dieser Beherrschung. Dann wird ein Eingriff stattfinden können. Ansonsten haben wir auch in anderen Branchen durchaus Bündelungen von Wertschöpfungsstufen vorwärts, rückwärts und seitwärts. Das ist nichts Ungewöhnliches im Wirtschaftsleben. Die

Frage ist, ob unter bestimmten Voraussetzungen Marktverwerfungen dadurch entstehen, dass ein dominanter Anbieter mit Hilfe von Bündelungsstrategien missbräuchliches Verhalten zeigt. Ich schlage vor, dass wir die vorliegenden Wortmeldungen sammeln und danach en bloc kurz darauf eingehen.

Dr. Schink, Siemens:
Ich hätte eine Frage zum Thema Tarifierung. Wir sind mittlerweile daran gewöhnt, dass wir Internetzugang als Flatrate nutzen können. Das ganz gegenteilige Modell sind wir von der Sprache gewöhnt, wo wir seit 80 Jahren gewohnt sind, zeitlich abgerechnet vergebührt zu werden. Im ganzen Bereich Internettelephonie ist die Diskussion über Flatrate vor 5, 6, 7 Jahren einmal sehr heiß gewesen, wo sehr viele vertreten haben, dass auch Internettelephonie irgendwann einmal kostenlos sein wird bzw. Bestandteil der Flatrate, hat sich nicht durchsetzen können. U.a. deswegen, weil wir über die ITU geregelt die Interconnectiontarife zu den existierenden Netzen haben. Die Frage ist, ob Sie da irgendwo einen Ausweg sehen. Daran noch die Anschlussfrage: Sprache oder die Übertragung von Sprache in Netzen zeichnet sich immer dadurch aus, dass wir eine besonders gute Quality of Service im Netz haben, d.h. kleine Delay Werte und kleine Zellverlustwahrscheinlichkeit, ein Service also, der eigentlich in der Quality of Service differenziert ist von Best Effort Internetservices. Die Frage, die sich daran anschließt, ist: Sehen Sie eine Möglichkeit, verschiedene Quality of Services bei internetprotokollbasierten Netzen auch in der Tarifierung abzubilden?

Prof. Picot:
Vielen Dank. Dann war dort ganz hinten eine Wortmeldung.

Herr Baggen, TÜV Informationstechnik:
Ich habe einen Aspekt, der vielleicht heute nicht so ganz besprochen worden ist bisher. Und zwar geht es mir um die Qualität dieser Angebote. Wir machen häufiger Studien zur Qualität von eCommerce-Angeboten, aber jetzt von Internetangeboten. Da stellen wir immer fest, dass Geschäftsmodelle im Grunde sich gleich von Anfang an verbieten, weil die Umsetzung am Anfang so schlecht ist, dass Kunden einmal raufklicken und sich dann nie wieder blicken lassen. Das heißt, Angebote werden durchgedroschen, in dem Markt reingedroschen, bevor eine größere Anzahl von Kunden im Stande ist, dies zu rezipieren und zu akzeptieren, dass sie einen Wert für sie darstellen. Deswegen die Frage: Sollte die Wahrnehmung von Qualität nicht auch in diesen Preismodellen eine Rolle spielen, d.h. wie viel sind Kunden auch bereit, für Qualität zu bezahlen bei den Diensten, sprich: Server not availabe – diese Probleme, die jeder kennt, wenn er solche Pay by View oder Paper Event Dienste beispielsweise nutzt.

Prof. Picot:
Vielen Dank. Herr Dr. Gerbert.

Dr. Gerbert, AT Kearney:
Ich habe eine Frage an das gesamte Panel auch als Abschlusspanel von heute. Wenn
ich den Tag Revue passieren lasse, dann ergibt sich für Deutschland eine etwas
erschreckende Situation. Wir haben von der Deutschen Telekom, oder genauer von
T-Online, gehört, dass sie hofft, im Jahre 2008 so 8 Millionen Anschlüsse, gerade
einmal 20 % der deutschen Haushalte, durchdrungen zu haben. Zu diesem Zeitpunkt, wenn man den Korea Telecom richtig verstanden hat, haben sie bereits ein
vollmobiles 10 Megabit W-LAN basiertes Netzwerk. Die Amerikaner haben gesagt,
sie retten sich in Content und Software, sie haben das Problem nicht so. Gleichzeitig
haben wir einen Monopolisten hier praktisch im Bereich Breitband, der aber gleichzeitig sich nicht traut zu investieren, weil er Angst hat, dass der Regulator ihm das
wieder wegnimmt.

Jetzt die Frage an das Panel. Herr Doeblin hat dankenswerter Weise einen Vorstoß
gemacht, wie man so etwas machen kann. Aber zum Beispiel das Haus Siemens, wie
sehen Sie die Situation in Deutschland? Verfallen wir kommunikationstechnisch
jetzt ans Schlusslicht der Welt oder gibt es da noch eine Möglichkeit heraus-
zukommen?

Prof. Picot:
Vielen Dank. Ich glaube, wir haben einen Strauß von konkreten wie auch grundsätz-
lichen Denkanstößen und Fragen für den Abschluss. Ich möchte für das erste das
Thema Voice over IP, wie rechnet man das ab, wie kann man Quality of Service da
rein bringen und einen der für die Herstellung Verantwortlichen fragen. Herr Döring,
können Sie dazu etwas sagen?

Herr Döring:
Das ist nicht ganz trivial mit der Quality of Service bei Voice over IP. Da müssen
Kanäle geschaltet werden in den Routern, und dann müssen die Netzendgeräte „miteinander sprechen" und die entsprechenden Kanäle frei schalten. Jedoch ist das
inzwischen möglich. Das sind Forschungsprojekte, Herr Prof. Eberspächer, an
denen wir gemeinsam arbeiten. Wir sind nahe dran. Es dauert nicht mehr lang, dass
man über IP-Netze mit Qualität nicht nur sprechen sondern auch Video-Telephonie
betreiben kann. Eine zusätzliche Schwierigkeit dabei ist der enorme bandbreiten-
belegende Verkehr in den Breitbandnetzen, der nicht entsprechend bezahlt ist. Das
ist überwiegend der auch heute viel besprochene Peer-to-Peer-Verkehr, also das
Filesharing, machine-to-machine. Die Kunst wird sein, von Seiten der Technologie
und den Abrechnungsmechanismen, dass man diesen Verkehr als solchen erkennt
und die Bandbreite dafür nach unten fährt, weil keine Bezahlkräfte dahinter stehen
oder die Bereitschaft zum Bezahlen fehlt und für den Quality of Service Verkehr,
also z.B. für die Video-Telephonie oder Sprachtelephonie, die Bandbreite frei
schaltet und dann entsprechend tarifiert. Auch das ist nicht ganz trivial. Wenn wir
mit Operatoren sprechen, sagen die: ich kann kaum die Bandbreite reduzieren und
wenn ich dafür extra Geld nehmen soll, weiß ich nicht, an welchem Netzwerk-

element ich das abrechnen soll. Insofern ist das Abrechnungsmodell-Beispiel, das ich Ihnen von Telenor gegeben habe, nicht ganz einfach zu realisieren gewesen. Aber es geht, d.h. man kann sich den Breitbanddatenfluss anschauen und identifizieren, was dem Kunden viel wert ist und das per Minute oder per Megabit tarifieren. Der Rest geht „best effort" durch das Netz mit entsprechend niedriger Tarifierung.

Prof. Picot:
Vielen Dank. Herr Urchs, können Sie etwas zu der Rolle der Qualität sagen, gerade im Falle von Erstangeboten, wenn man im Internet einen Markt über Breitbandsysteme entwickeln will. Welche Erfahrungen haben Sie gemacht?

Herr Urchs:
Ich denke, da sind Breitbandsysteme nicht anders als jedes andere Geschäft auch, ob im richtigen Leben oder im Internet. Man tut immer gut daran, sich zunächst klarzumachen, wofür der Kunde eigentlich bezahlen soll. Das ist der ganz entscheidende Punkt. Wenn ich einfach nur sage, egal was, ich haue es raus und irgendwie wird schon Geld reinkommen, ist das sicherlich kein Erfolgsmodell für eine eBusiness-Anwendung, d.h. bevor ich nicht weiß, wie ich auch in der Umgebung, sei es das traditionelle Web oder das Breitbandmedium, eine bestimmte Qualität sicher stellen kann, macht das Angebot keinen Sinn. Das ist beispielsweise auch eine Lehre des viel zitierten I-Tune-Stores. Die meisten Gedanken hat sich Apple darüber gemacht, wie sie verhindern können, dass sie nicht in dieses Image der Peer-to-Peer-Netze kommen, wo der Nutzer schon gewohnt ist, dass Downloads abbrechen, dass er andere Dateien bekommt als angeblich ausgeschrieben usw. Genau das ist m.E. eine Produkt- und Servicequalität, für die in Zukunft die Nutzer immer mehr zu zahlen bereit sein werden, wenn sie die Erfahrung der Differenz einmal gemacht haben, dass sie sagen: okay, für eine normale Basisanwendung möchte ich nicht mehr bezahlen als ansonsten, aber wenn ich sicher gehen will, dass ich – und sei das im Entertainment-Bereich oder noch dramatischer im Geschäftsbereich – eine ganz bestimmte Qualität bekomme, dann werde ich natürlich auch mehr dafür bezahlen.

Prof. Picot:
Vielen Dank. Damit kommen wir zu der Gretchenfrage, die Herr Gerbert gestellt hat: Sind die Initiativen, die Vorhaben, die Perspektiven, die am heutigen Tag aufgezeigt wurden, ausreichend, tragfähig, vielversprechend genug, genug Bewegung schaffend, damit wir diese wichtige Infrastruktur, diese wichtigen Potenziale der Breitbandentwicklung wirklich angemessen im internationalen Wettbewerb bei uns ausschöpfen? Herr Gerbert hatte darauf hingewiesen, dass nach verschiedenen Prognosen, die heute gezeigt wurden, im Jahre 2008 hierzulande etwa 20 vielleicht auch 30 % der Haushalte versorgt sein könnten mit Breitbandabschlüssen, während es heute schon in Korea über 70 % sind. Wer weiß, wo dann dort diese Region gelandet ist in der Zwischenzeit. Reicht es aus, was heute angedacht wurde? Was müssen wir noch tun? Was möchten uns die Fachleute hier auf dem Podium auf den Weg mitgeben, um diesen Befund oder diese Perspektiven, die wir heute gehört

haben, angemessen zu bewerten? Ich darf bei Herrn Doeblin anfangen, und dann gehen wir einmal durch.

Herr Doeblin:
Wir haben uns eigentlich bestätigt gefühlt. Ich finde es auch erschreckend, dass die Zahlen so abgenommen haben. Vor zwei Jahren galt Deutschland als noch viel weiter, und wir hatten uns im April in Japan auch überzeugen lassen, dass wir da nicht ganz so weit sind. Ich warne auf jeden Fall von staatlichen Subventionierungsideen. An die glaube ich nicht mehr, jedenfalls nicht in Europa. Die mögen in anderen Regionen durchaus funktionieren, aber hier ist wirklich Privatinitiative gefordert. Daher denke ich, dass solche Ideen, wie wir sie auch entwickeln, durchaus einen ganz interessanten Beitrag leisten. Zum Content selber mache ich mir keine Sorgen. Die Phantasie ist ziemlich unbegrenzt und da gibt es so viele Ideen. Wenn Breitband wirklich da ist, kommen auch die Inhalte.

Herr Doering:
Deutschland belegt Platz 10 in der internationalen Liga, was die Abdeckung angeht. Wir haben berechnet, wenn wir nichts Gewaltiges tun, dann werden wir uns ungefähr auf dem Niveau halten. Ich glaube, das haben die Vorträge heute auch gezeigt. Wenn wir allerdings auf die ersten Plätze kommen wollen, besser als 10, dann muss hier in Deutschland etwas passieren. Das ist m.E. heute auch klar geworden. Ich habe dies auch mit meinem Kurzbeitrag versucht aufzuzeigen und mache das jetzt die sechste Konferenz in Folge. Das Thema Videotelephonie z.B. ist ein Thema, wo wir eine Chance haben voranzugehen. Allerdings schaue ich oft genug in skeptische, grinsende Gesichter und erlebe Henne-Ei-Diskussionen; mach erst einmal ein Netzwerk, dann reden wir über Applikationen! Darin verfängt man sich gerne in Deutschland. Ich sehe allerdings erste Anzeichen, dass sich ein Gefühl breit macht, dass wir mit Applikationen wie der Videotelephonie etwas in der Hand haben, woraus sich eine Bewegung entwickeln kann. Aber ich sehe natürlich auch immer noch schüttelnde Köpfe und nur einzelne Operatoren in Deutschland geben schon jetzt Geld für das Thema Videotelephonie aus. Deshalb sehe ich nach wie vor, gerade auch für den Münchner Kreis eine absolute Notwendigkeit, sich eines solchen Themas anzunehmen und es entsprechend zu treiben. Wenn es alternativ andere Themen gibt, dann bitte ich Sie diese zu nennen.

Prof. Picot:
Vielen Dank, Herr Doering. Herr Skiera, für Sie das aus der Sicht der wissenschaftlichen Beobachtung der Szene.

Prof. Skiera:
Die Regulierungsbehörde ist vor einer schwierigen Aufgabe. Wahrscheinlich müssen wir uns in Deutschland noch stärker dazu durchdringen, die Netze separat zu halten und das Netz vom entsprechenden Content zu trennen. Jetzt sind wir in Deutschland in der Tat vor der schwierigen Situation, dass wir DSL zu sehr güns-

tigen Preisen auf den Markt gebracht haben. Aus verschiedensten Gründen sind die Preise in letzter Zeit für DSL doch deutlich gestiegen. Das ist insofern natürlich nicht ganz unbedenklich, weil wir jetzt nur noch einen Anbieter haben und es nahe liegt, dass zukünftig versucht wird, Zahlungsbereitschaften stärker abzuschöpfen. Ich persönlich kann nur hoffen, dass wir über alternative Technologien, W-LANs sind auch heute hier diskutiert worden, vielleicht so viel Druck erzeugen, dass wir doch 2008 deutlich weiter sind als 8 Millionen Breitbandnutzer zu haben.

Prof. Picot:
Herr Urchs, der Medien- und Internetpraktiker, und Beobachter und Berater, was sagen Sie?

Herr Urchs:
Ich würde an der Stelle das Thema Subventionen durchaus noch einmal aufnehmen wollen, zwar nicht unbedingt zu verstehen als öffentliche Subventionen. Aber die Geschichte von Standard Oil bis hin zum GSM-Mobilfunk zeigt, dass man durchaus privatwirtschaftlich subventionieren kann, um das eigene Geschäftsmodell dann realisieren zu können. Ich denke, das könnte durchaus ein Ansatzpunkt sein, um die Entwicklungsdynamik ein wenig zu befeuern. Was die Contentqualität, die dann darauf aufsetzen soll, angeht, da würde ich tatsächlich auch noch einmal auf ein Erfolgsmodell verweisen wollen, wie wir es alle vor ein paar Jahren erlebt haben und womit niemand vorher gerechnet hatte, nämlich SMS. Wir haben heute von Herrn Hess auch schon wieder gehört: usergenerierter Content. Ich denke, da liegt ein wirkliches Kernthema vor uns. Wir sollten uns nicht auf die Medienhäuser, auch nicht auf die neuen Medienanbieter wie T-Online verlassen, sondern doch auf unsere Kunden, auf die Nutzer. Die werden schon wissen, was sie gerne hätten und werden da auch entsprechende Schritte einleiten.

Prof. Picot:
Vielen Dank. Meine Damen und Herren, wir sind am Ende eines sehr reichhaltigen Tages angelangt. Wir haben viele Denkanstöße erhalten. Wir haben aber auch gesehen, dass noch ein ganz beachtlicher Weg zurückzulegen ist. Es ist kein Anlass zu Selbstzufriedenheit aber auch sicherlich nicht zum Jammern oder zum in Sack und Asche gehen, sondern wir müssen entschlossen weiter zu arbeiten mit Qualität, Weitblick, mit langem Atem und mit neuen Ideen und neuen Modellen. Wir haben gesehen, dass wir einerseits in einem bestimmten Segment der Breitbandzugänge, nämlich bei den DSL-Zugängen in den letzten Jahren eine sehr erfreuliche Entwicklung beobachten können, aber daneben gibt es nicht viel. Der intermodale Wettbewerb ist unterentwickelt im Unterschied zu vielen anderen Ländern. Auch hier liegen bestimmt erhebliche Entwicklungsmöglichkeiten, wenn sich auf dem Feld Einiges täte. Wir haben viele andere Punkte angerissen, die man jetzt nicht wiederholen muss. Die Schlussrunde am Panel hat noch einmal deutlich gemacht, welche Hebel da sind.

Ich danke allen, die heute mitgewirkt haben, aktiv hier als Redner und Diskutanten wie auch im Publikum als Zuhörer und als Diskussionsteilnehmer, ganz herzlich. Ich glaube, der Tag hat es in sich gehabt.

Ich möchte abschließend den Dank nicht nur an die fachliche sondern auch an die organisatorische Seite richten. Unsere Geschäftsstelle, unsere Geschäftsführung haben auch hervorragende Arbeit geleistet. Auch dafür allen Beteiligten vielen Dank.

5.1 Was leistet Breitbandigkeit und was kostet sie?

Joachim Döring
Siemens AG, München

Das Verhalten von Endanwendern beantwortet die Frage nach dem Nutzen und der Leistung von Breitbandigkeit sehr eindeutig. Ende 2003 werden in Deutschland schon über vier Millionen DSL-Anschlüsse in Betrieb sein. Nahezu zehn von hundert Hauptanschlüssen sind mit DSL versorgt. Die Einführung von DSL in Deutschland war und ist eine Wachstumsgeschichte.

In den letzten Jahren hat die Verbreitungen von Breitbandzugängen auch weltweit einen enormen Erfolg verbucht. Masseninstallationen, gepaart mit der steigenden Fülle an Möglichkeiten die Breitbandigkeit zu nutzen, haben die Zahlen an Nutzer nach oben schnellen lassen. Laut Forrester waren am Jahresende 2002 im Vergleich zum Jahresende 2001 in Europa 92 % mehr Haushalte durch Breitband mit dem Internet verbunden.

Drei Faktoren waren entscheidend für diese positive Entwicklung: Verfügbarkeit, Preis und Inhalte. Da DSL auf den Kupferleitungen des bestehenden Telefonnetzes aufsetzt, konnte flächendeckende Verfügbarkeit schnell gewährleistet werden. Der Preis ist mit weltweit durchschnittlich unter 30 Euro auch in einen Bereich gefallen, der als Wendepunkt für die Massenadaption gilt. Und bei den Inhalten war vor allem das Internet das wesentliche Element mit einer zunehmenden Fülle an Möglichkeiten die Breitbandigkeit zu nutzen.

Die Tatsache, das Deutschland trotz des schnellen Masseninstallation bei der Abdeckung von DSL nur Platz zehn im internationalen Vergleich erreicht, zeigt, dass DSL ein globales Thema ist. Ohne zu übertreiben kann man die Einführung von DSL weltweit schon jetzt als Siegeszug bezeichnen. Die Netzbetreiber haben mit den gefallenen Produktkosten und den verbesserten Servicekosten DSL für sich zu einem Geschäft gemacht.

Dies war jedoch zunächst nur eine erste Welle der Breitbandentwicklung. Neue Technologien und Standards ermöglichen zusätzliche Breitbandigkeit und neue Breitbandlösungen. XDSL- Technologien, Kabellösungen, Powerline-Lösungen der Energieversorger, optische Technologien (FTTP/PON), Ethernet-Lösungen (PPE) und breitbandige drahtlose und mobile Technologien wie WLAN, WiMAX und UMTS geben den Netzbetreibern zusätzliche Möglichkeiten, Breitbandlösungen für Privat- und Firmenkunden anzubieten. (vgl. Bild 1)

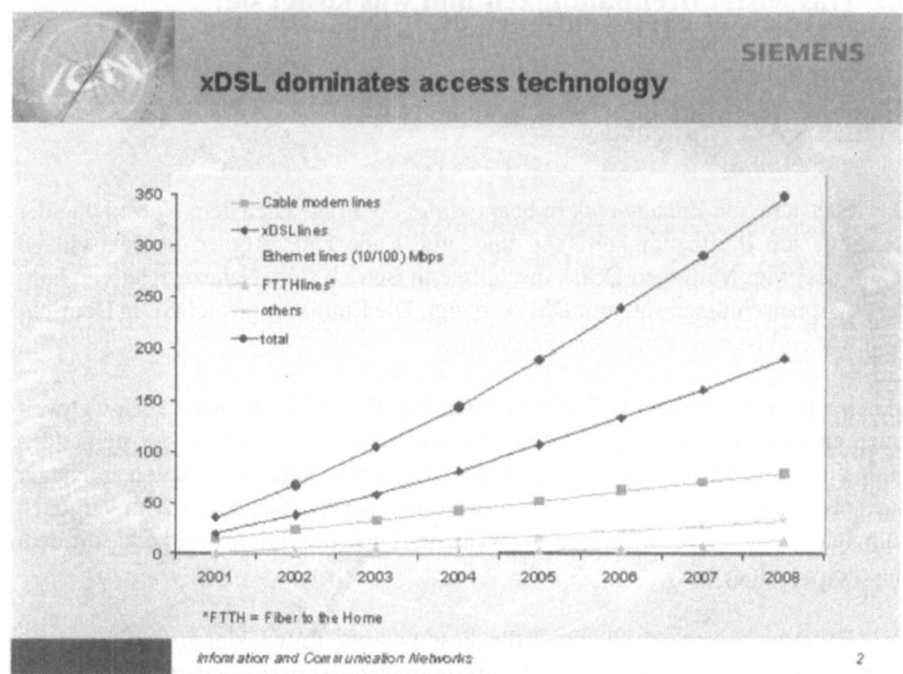

Bild 1: xDSL dominiert die Access Technologien

Zu den technischen Herausforderungen kommt hinzu, dass die Netzbetreiber durch
die Einführung von Breitband pikanterweise ihre bestehenden Geschäftsmodelle
grundsätzlich in Frage gestellt haben. Verschärft wurde diese Bedrohung durch
rückläufige Umsätze im traditionellen Telefoniegeschäft. Diese Situation hat viel
Diskussion ausgelöst: „Breitband rechnet sich nicht!" versus „Breitband rechnet
sich!"

Dazu möchte ich ein paar Thesen in den Raum stellen:

Thesen zur Breitbandigkeit

*Der Anteil der Ausgaben seitens der Verbraucher für Kommunikation und
Unterhaltung bleibt konstant*

Verbraucher haben kein unbegrenztes Einkommen. Und sie geben einen relativ konstanten Anteil ihres Einkommens für Kommunikation und Unterhaltung aus. Wenn
die Telekommunikationsbranche also über zusätzliche oder neue Umsätze redet,
dann werden sie anderswo abgezapft. (Pay-TV, Videotheken, Musikbranche, usw.).
Das heißt wiederum, dass die TK-Branche nicht unbedingt mit brancheneigenen
Mitbewerbern konkurriert, sondern mit Modemachern, Kaufhäusern, der Unterhal-

tungsindustrie und Autoherstellern. Das Feld der Mitbewerber ist weiter als wir meinen. (vgl. Bild 2)

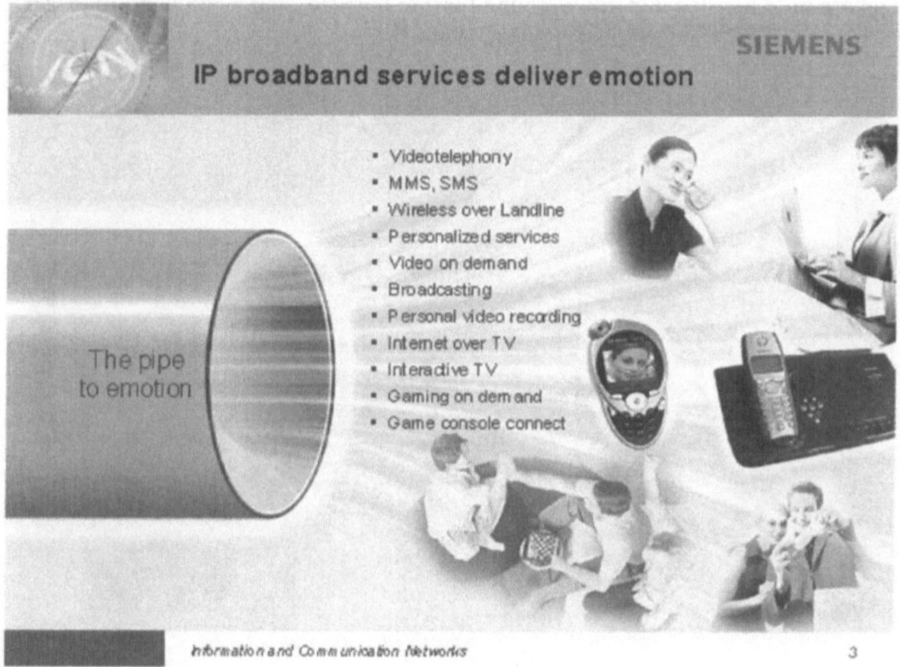

Bild 2: IP Breitband Services liefern Emotionen

Breitband ist für jedermann erschwinglich

Breitband ist inzwischen für den Normalverbraucher erschwinglich. Zur Zeit liegt der Preis eines „Flat-Rate"-DSL-Anschlusses für Privatkunden in Deutschland bei etwa dem Achtfachen eines Big Mäc. Zum Vergleich: In den USA kostet der DSL-Anschluss über das Vierzehnfache eines Big Mäc. Der durch die Deregulierung ermöglichte Wettbewerb und offensive Vermarktung haben die Preise in Deutschland nach unten gedrückt.

Der Schwellenwert bei Verbrauchern für die Grundversorgung mit einem Dienst liegt nachweislich um die 30 Euro. (siehe GAZ, Kabelgebühr). Genau dort haben sich die Pauschalgebühren für Breitband eingependelt. Alles was diesen Schwellenwert überschreitet, muss hart erkämpft werden.

Klotzen statt kleckern

Wo früher für den Telefonanschluss in der Diele praktisch keine Vermarktung notwendig war, müssen jetzt alle Register gezogen werden, um sehr unterschiedliche

Kundengruppen anzusprechen. Die Werbung ist der Spiegel einer Branche. So zeigt der Trend zur Lifestyle-orientierten Werbung, dass sich die TK-Branche sehr bemüht, unterschiedliche Zielgruppen zu adressieren. Aber viele Dienst-Anbieter kleckern mit Diensten und der Werbung für ihre Dienste, statt zu klotzen – und starten so selbsterfüllende Prophezeiungen. (vgl. Bild 3)

Bild 3: Die Werbung ist Spiegel einer Branche

Der PC ist ein Liebestöter

Auch wenn Billiganbieter wie Aldi und Lidl komplett ausgerüstete Multimedia PCs verkaufen, ist die Kompliziertheit des PCs für viele Menschen eine riesige Barriere. Hier sollte der Fernseher der Maßstab sein. Gegenwärtig ist der PC das primäre Endgerät für den Internetzugang. Das heißt, dass entweder die Bedienung des PCs deutlich einfacher werden muss oder dass andere, fernseherartige Geräte sich etablieren werden. Das erfordert ein Umdenken bei Netzbetreibern in der Gestaltung ihrer Produkte und Dienste.

Die Infrastruktur steht bereit aber es fehlen die „Killer Dienste"

Wer in Deutschland einen Breitbandzugang haben will, der bekommt ihn in der Regel auch. Die Einführung von T-DSL war und ist vorbildlich – zum Beispiel im

Vergleich mit den USA. Siemens hat zeitweise 40 bis 60 Tausend DSL-Anschlüsse pro Tag eingerichtet und deutschlandweit 11,000 DSLAMs installiert.

Der Preis und die Infrastruktur sind in Ordnung, aber es fehlen anscheinend den Netzbetreibern die Dienste, welche die Mehrheit der Bevölkerung überzeugen. Ich sage ‚anscheinend‘, weil in fast jeder Diskussion, die ich höre, die Frage nach einem ‚Killer Dienst‘ gestellt wird. Muss es einen Killer Dienst geben? (vgl. Bild 4)

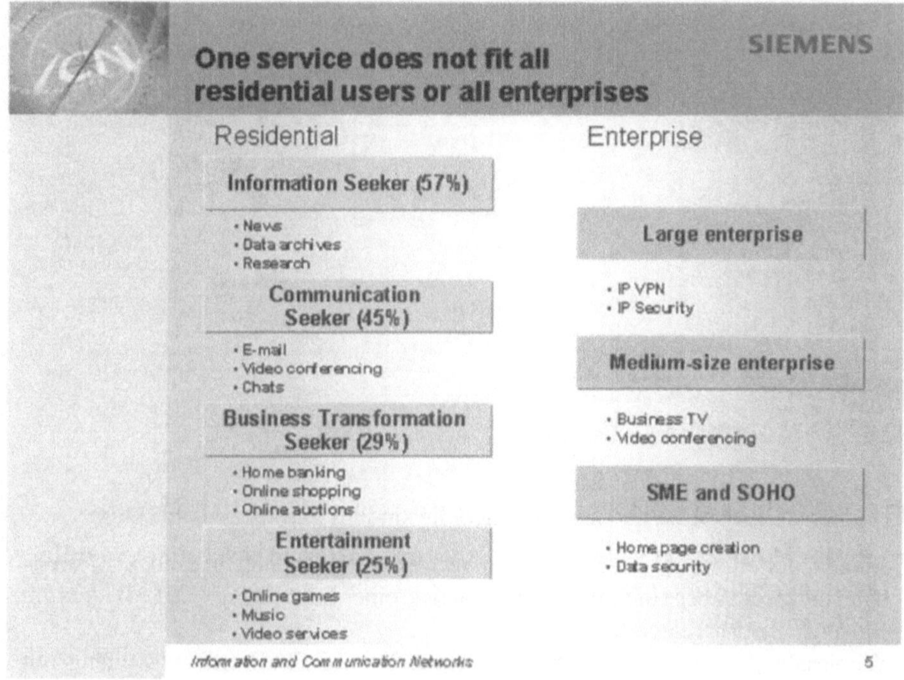

Bild 4: Unterschiedliche Dienste für unterschiedliche Nutzer

Die Lösung

Das Dilemma der Netzbetreiber kann man auf eine andere Kernfrage reduzieren.

„Mit welchen neuen Geschäftsmodellen und mit welchen gebündelten Diensten können Netzbetreiber nachhaltig Profitabilität erreichen und ihren Anteil am End-kundeneuro erhöhen?“ (vgl. Bild 5)

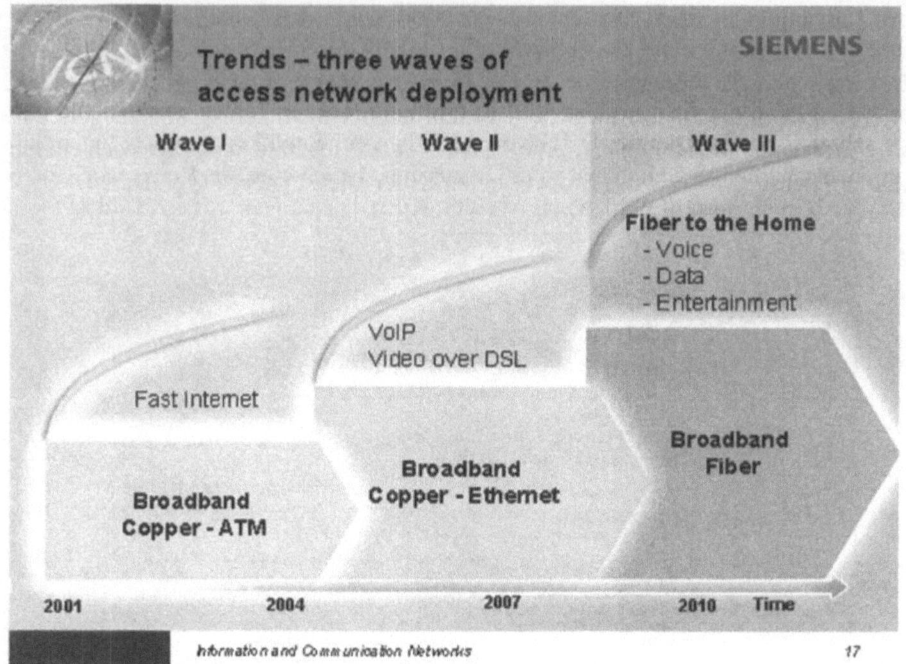

Bild 5: Drei Phasen der Access Entwicklung

Drei unterschiedliche Basis-Geschäftsmodelle sind im Markt zu beobachten:

- Retail- Modelle: Der Nutzer hat einen Vertrag mit einem Netzbetreiber für Breitband und greift über ein Portal auf die Dienste eines Internet Service Providers zu.
Beispiel: British Telecom
- Wholesale- Modelle: Der Nutzer hat einen Vertrag für Breitband-Zugang mit
einem Internet Service Provider, welcher die Netzinfrastruktur eines Netzbetreiber benutzt. Beispiel: AOL
- Gemischte Modelle: Der Nutzer hat einen Vertrag für Breitbandzugang mit
einem Internet Service Provider und mit einem Netzbetreiber. Beispiel: DTAG
(T-Com + T-online)

Auf diese drei bestehenden Modelle, die wir weltweit kennen, oszilliert sich ein
Geschäftsmodell, das wir *Distribution-Co* nennen.

Die Entwicklung zu einem solchen Distribution-Co beobachten wir in verschiedenen Stufen:

Stufe 1: Schnelle Masseninstallation in Ballungszentren mit selbstinstallierten
Dienste-Bündeln und niedrigen Tarifen. Beispiel: Britisch Telecom, France Telecom
(vgl. Bild 6)

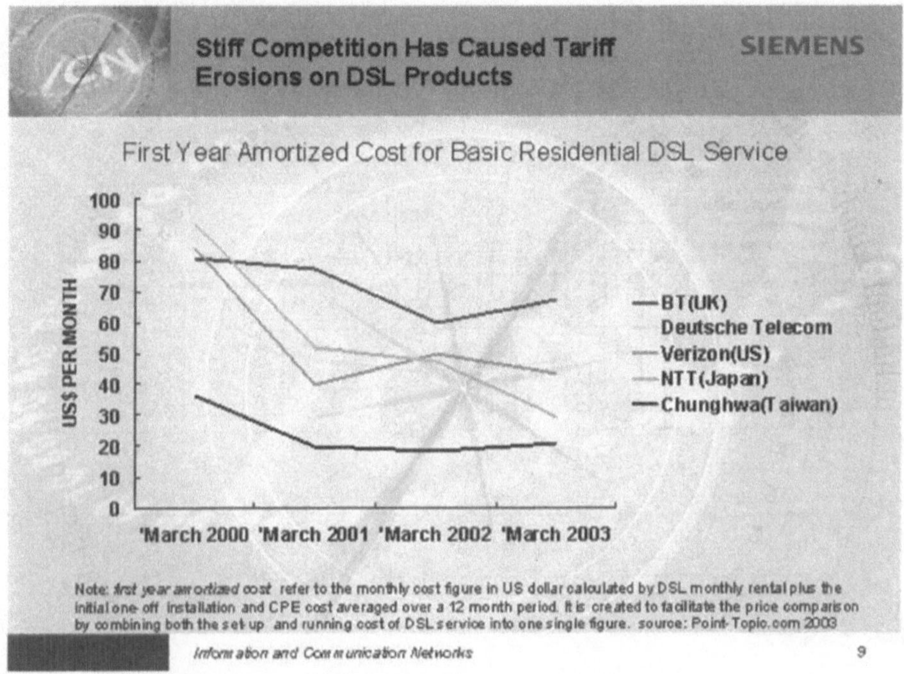

Bild 6: Preisverfall durch harten Wettbewerb bei herkömmlichen DSL

Stufe 2: Massenverbreitung und hohe Erreichbarkeit bei gesteigerter Produktdiversifizierung (z.B. VoDSL) gegenüber reinem schnellem Internet Zugang. Beispiel: DTAG (T-Com + T-online), Yahoo!BB Japan

Stufe 3: Einführung und Fokus auf „Triple Play" Lösungen (Sprache, Daten, Video) mit hoher Bandbreite und vor allem vollständigen Dienste Angeboten, verbunden mit neuartigen Preis-Modellen um die monatlichen Umsätze per Nutzer zu erhöhen. Beispiel: Fastweb TV Services (vgl. Bild 7)

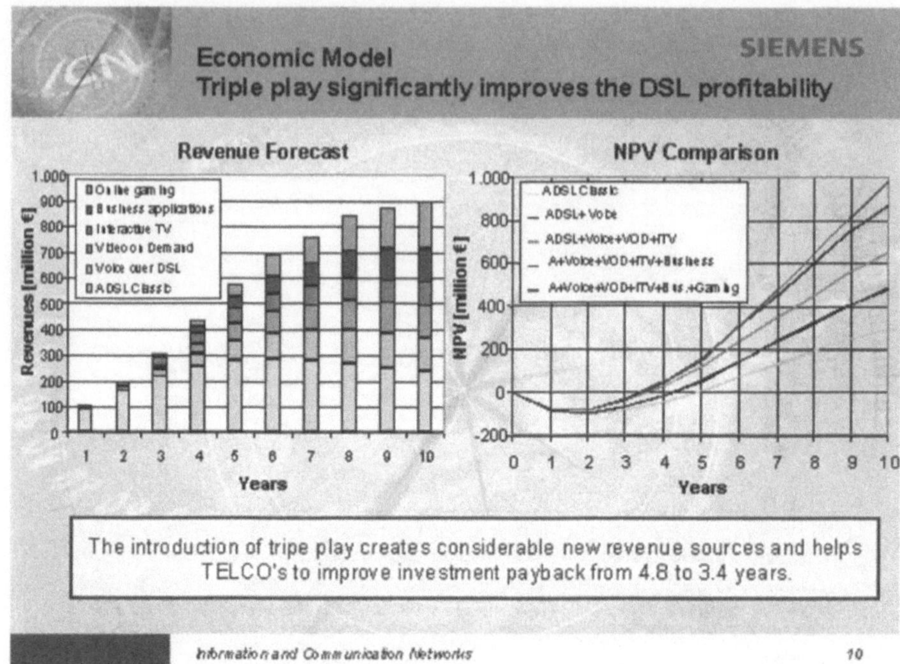

Bild 7: Triple Play kann monatlichen Umsatz per Nutzer erhöhen

Marktanalysen haben ergeben, dass die durchschnittliche Privatperson bereit ist,
21 Euro im Monat für herkömmliche Internetdienste auszugeben (d.h. die oben
erwähnten 30 Euro liegen über der „Schmerzgrenze" der Nutzer). Jedoch ist die
gleiche Person bereit 26 Euro im Monat zusätzlich auszugeben, für neue Services
wie z.B. Video, Online-Spiele, Sicherheitslösungen. Das entspricht 124 % mehr
Umsatz. (vgl. Bild 8)

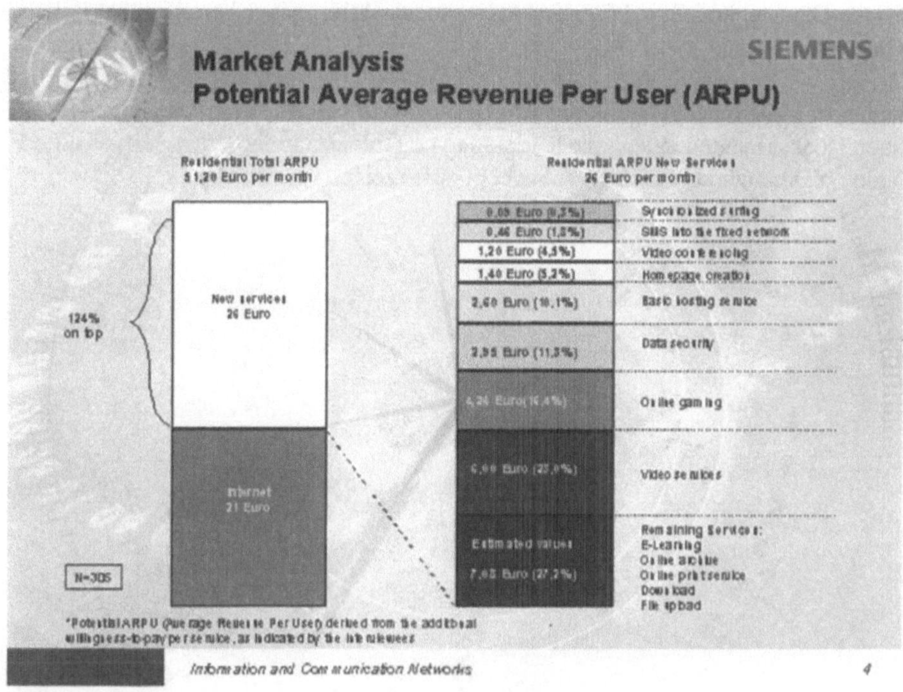

Bild 8: Mehr Umsatzpotenzial durch neuartige Services

Für die Netzbetreiber bedeutet dies, dass z.B. die Einführung von „Triple Play" die Amortisationszeit der Investition von durchschnittlich 4,8 auf 3,4 Jahre senkt.

In allen Modellen stehen die Netzbetreiber vor weiteren Herausforderungen:

* hohe Wechselbereitschaft der Kunden (speziell die ISP)
* hohe Preissensibilität der Kunden
* zunehmend starker Wettbewerb, verstärkt durch mögliche neue Spieler wie z.B. die Energieversorger

Fazit: Reines Breitband mit herkömmlichen Service wird sich auf lange Sicht nicht rechnen. Um sich diesen Herausforderungen zu stellen, ist es für die Netzbetreiber wichtig, sich zu differenzieren. Nicht nur schneller Internetzugang ist wichtig, sondern Applikationen und Inhalte sind entscheidend. Nicht die Bandbreite entscheidet, sondern der Dienst. Die Netzbetreiber werden zu Diensteanbietern.

Dabei ist die Kopplung der verschiedenen Breitbandtechnologien mit entsprechenden Dienstebündeln ein Schlüssel.

Welche Dienstebündel sind für den Nutzer so attraktiv, dass er bereit ist, zusätzlich
Geld auszugeben?

Neben der schon nachgewiesenen Attraktivität von Sprach-Daten-Video Bündelung
haben Konsumentenstudien die Bündelung von Online Gaming, Videotelefonie und
Video on Demand als attraktives Angebot aufgezeigt. (vgl. Bild 9)

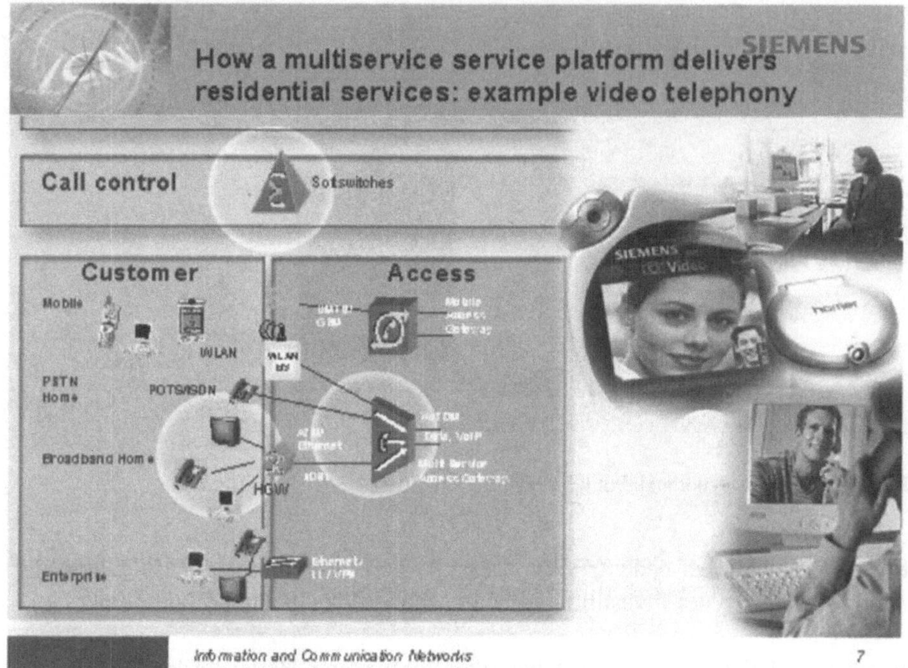

Bild 9: Beispiel Videotelefonie

Wichtig ist die personalisierte und einfache Nutzung der Dienste. Für die arbeitende
Bevölkerung und die Unternehmen sind Dienstebündel attraktiv, die ein einfaches
und sicheres breitbandiges Arbeiten (z.B. e-Mail, Multimedia-Messaging, Confe-
rencing, Application/file sharing) von zuhause oder unterwegs möglich machen. Die
dazu notwendige Konvergenz und Interoperabilität von Firmennetzen und öffentlichen Netzten ist eine große Herausforderung für die Industrie in den kommenden
Jahren. Zusätzlich sollen Festnetz und Mobilfunk stärker zusammenarbeiten und die
Interoperabilität von Diensten über Netzgrenzen hinweg im Interesse der Nutzer
ermöglichen. (vgl. Bild 10)

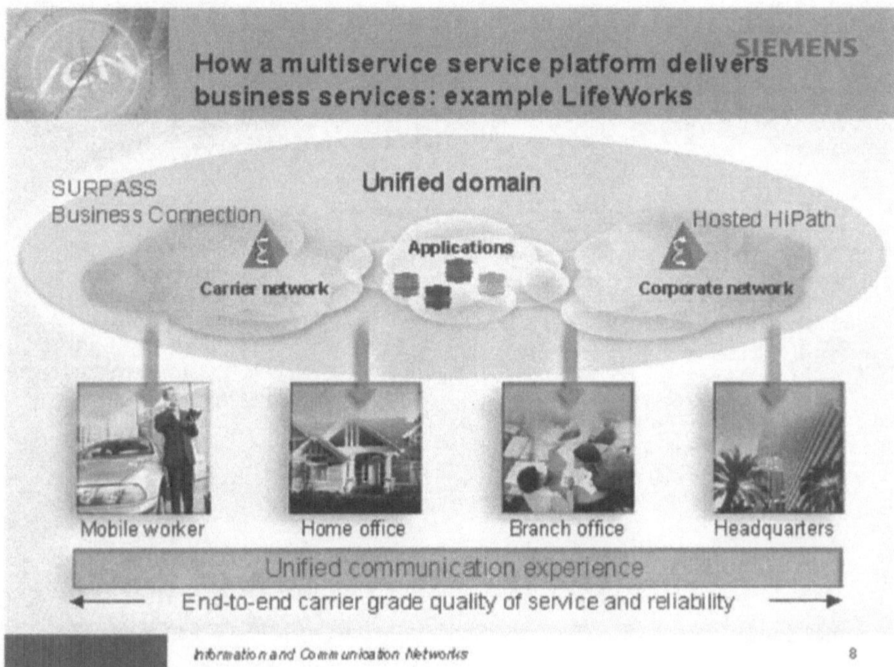

Bild 10: Beispiel LifeWorks

Die Open Mobile Alliance mit 180 Herstellern und Netzbetreibern ist ein Indikator für die Bereitschaft der Europäischen Industrie durch eine neue Industrie Solidarität Europa den Niedrigkosten-Angeboten durch Innovation zu begegnen.

Paradigmenwechsel bei Herstellern

Dieser Ansatz braucht einen Paradigmenwechsel bei den Herstellern (vom Hersteller zu Lösungsanbieter). Genau hier setzen die Hersteller an und zwar über drei Hebel.

- Mit verbesserter Hardware und Software reduzieren die Hersteller die Betriebskosten für die Netzbetreiber/Diensteanbieter. (vgl. Bild 11)

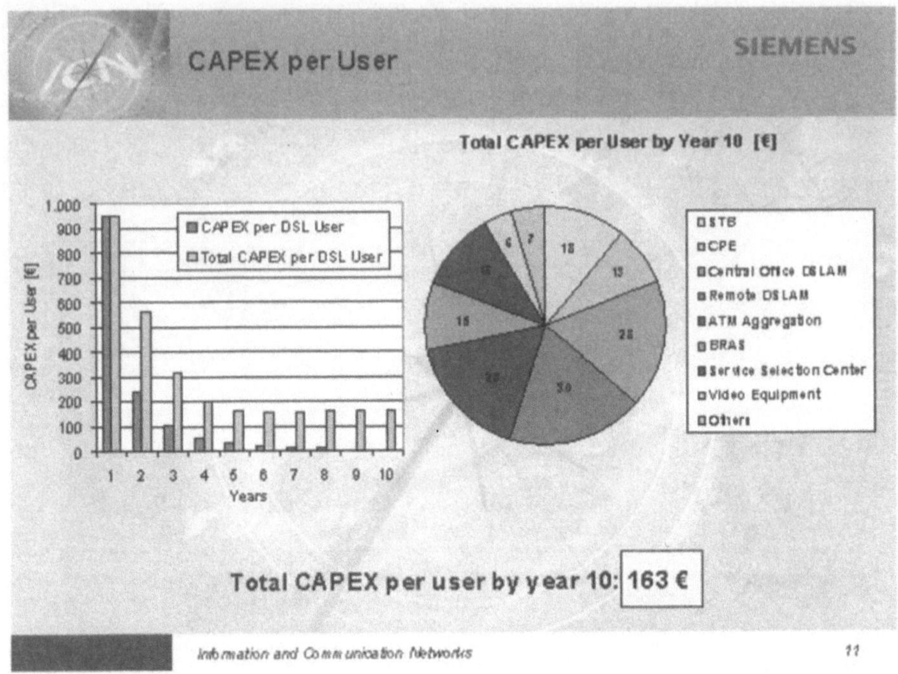

Bild 11: CAPEX per User

- Die Hersteller berechnen sehr exakt die Geschäftsszenarien zusammen mit den Kunden (Return on Assets; NPV, usw.).
- Die Hersteller entwickeln Dienste und Applikationen (z.B. Videotelefonie), welche die Geschäftsmodelle der Kunden unterstützen und ihre bestehenden Investitionen schützen. (vgl. Bild 12)

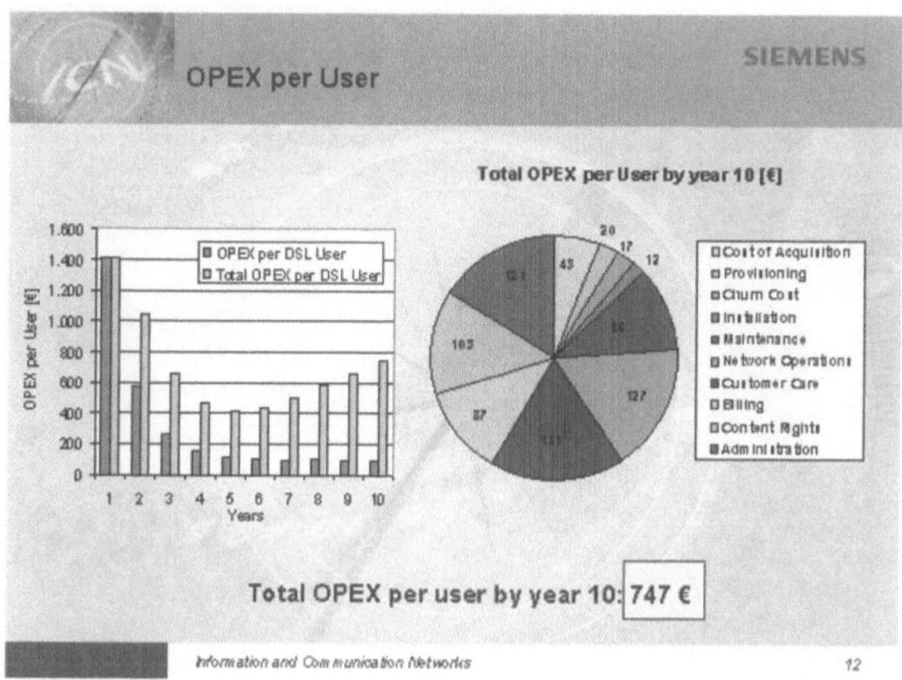

Bild 12: OPEX per User

Damit ist das Ziel von Breitbandigkeit auf mittlerer Sicht klar.

Für die Netzbetreiber/Diensteanbieter wird es beim Einsatz neuer Technologien entscheidend sein, eine auf die Endkundenstruktur optimierte Palette als Lösung anzubieten und gleichzeitig sicherzustellen, dass die verschiedenen Breitbandzugangs-Technologien im Netz gebündelt und betrieben werden können. Wichtig ist dabei die Nutzung gemeinsamer, schnell zu definierender, realisierbarer und vor allem verrechenbarer Leistungsmerkmale und Dienste. Ein technologisches Schlüsselelement für alle neuen Breitbandtechnologien werden damit „Multi-Service Delivery Platt-forms", da es als sehr unwahrscheinlich gilt, dass die Breitbandzugangs-Technologien zu einem Standard konvergieren werden. Für den Nutzer wird es nicht entscheidend sein, welche Zugangstechnologie er gerade nutzt. (vgl. Bild 13)

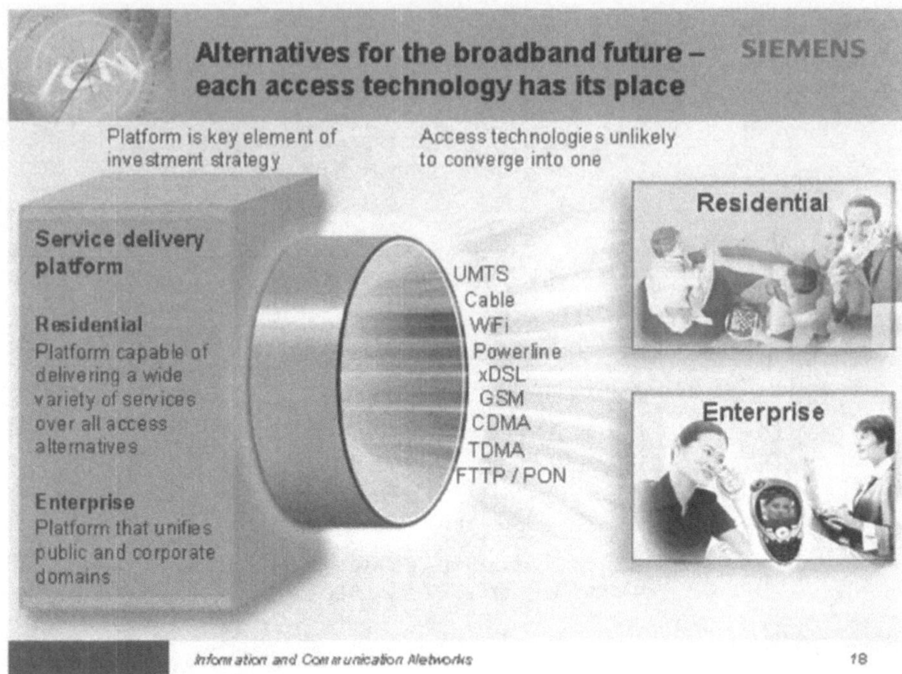

Bild 13: Verschiedene Zugangstechnologien stehen den Usern zur Verfügung

Die zur Verfügung gestellte Bandbreite und Dienste erlaubt den Nutzer eine optimale Anwendung egal wo er sich befindet und welches Medium er auch benutzt, alle
Leistungsmerkmale und alle Applikationen weisen die gleiche Optik und die gleiche
Benutzerführung auf und die Diensteanbieter verdienen bei optimierten Kosten-
strukturen gutes Geld mit dem zufriedenen Kunden.

5.2 Preismodelle in einem schnellen Internet

Prof. Dr. Bernd Skiera
Universität Frankfurt

Ich möchte Sie teilhaben lassen an sehr neuen Forschungsergebnissen, die wir in einer jüngsten Studie erhalten haben, die eine Fortsetzung früherer Forschungen von uns im Bereich Pay-per-Use und Flatrate-Pricing darstellt. Wenn Sie sich Internetzugangstarife im Breitbandbereich anschauen, dann können Sie im Kern zwischen Pay-per-Use Tarifen, wo Sie typischerweise pro Minute Nutzung bepreist werden, und zwischen reinen Flatrate Tarifen, die Sie unbegrenzt nutzen können sowie zwischen Flatrate Tarifen, die eine Nutzungsbegrenzung haben, beispielsweise bei DSL von T-Online begrenzt auf 1000 Megabit bzw. 5000 Megabit pro Monat, wählen.

Die Forschungsfrage ist nun sehr einfach: Welche Art von Tarifen werden denn Konsumenten wählen? Zunächst kann man damit starten und sagen, dass sich jeder Konsument vollkommen rational verhält. Von daher wählen Sie immer den Tarif, der jeden Monat für Sie am günstigsten ist. Das ist natürlich unrealistisch, weil Konsumenten ein stochastisches Verhalten zeigen und weil natürlich auch die Voraussetzungen jeden Monat ein bisschen anders sind. Man würde jedoch vermuten, dass im Mittel doch der richtige Tarif gewählt wird bzw. wenn Sie sich eine sogenannte Verzerrung anschauen, dass genau so häufig ein vermeintlich günstiger Tarif, bei dem Sie einen niedrigen monatlichen Grundpreis bezahlen bzw. ein vermeintlich teurerer Tarif im Sinne eines höheren monatlichen Grundpreises, also einer Flatrate, gleich häufig falsch gewählt werden.

Eine ganze Reihe von Studien der 90er Jahre, insbesondere in den USA, zeigen aber für den Telefonbereich, dass ein sogenannter Flatrate-Bias existiert, also eine verzerrte Wahrnehmung zugunsten der Flatrate, also des Pauschaltarifs. Dies bedeutet, dass Konsumenten sehr häufig Tarife mit einem hohen monatlichen Grundpreis wählen und dann mehr bezahlen als wenn sie einen Tarif mit einem niedrigeren Pauschalpreis gewählt hätten. Kurzum: ihre Nutzungsmenge ist nicht so hoch, dass sich der Pauschaltarif lohnt. Sie können das aber nicht nur bei der Nutzungsmenge sehen, sondern auch bei Angeboten, in denen beispielsweise Gespräche zu bestimmten Uhrzeiten oder in bestimmte Regionen einer pauschalen Bepreisung unterworfen sind.

Es gibt im Kern vier mögliche Begründungen für ein solches Verhalten. Das erste ist ein sogenannter „Taxameter-Effekt". Das kennen Sie möglicherweise, wenn Sie Taxi fahren und das privat bezahlen müssen: Sie haben ein ungutes Gefühl, weil Sie immer auf den Taxameter schauen und den Preis steigen sehen. Und diesen Gefühl möchten Sie nun dadurch vermeiden, dass Sie einen pauschalen Tarif vereinbaren.

Zum zweiten kann es sein, dass Sie eine Art „Versicherung" haben. Sie wollen einfach genau wissen, dass Sie surfen im Internet nie mehr als x Euro pro Monat kostet, auch in Monaten, in denen Sie das Internet besonders intensiv nutzen. Drittens kann es sein, dass Sie einem „Bequemlichkeitseffekt" unterliegen. Sie wollen sich einfach nicht genau damit beschäftigen, was Sie welcher Tarif nun im Detail kostet. Und viertens gibt auch einen Überschätzungseffekt. Sie meinen, dass Sie das Internet viel mehr nutzen als Sie es tatsächlich nutzen.

Ich möchte nun kurz über die Ergebnisse aus einer Befragung berichten. Was ich nicht berichten werde, Ihnen aber ebenfalls sagen kann, ist, dass wir auch versucht haben, diese Fragestellungen auf Basis von tatsächlichen Nutzungsdaten zu untersuchen. Die Ergebnisse sind recht ähnlich: Ein sogenannte Flatrate-Bias, also eine systematische Verzerrung zugunsten von Pauschaltarifen existiert: Konsumenten wählen einen Pauschaltarif, obwohl sie mit anderen Tarifen günstiger fahren würden. Dabei ist die systematische Verzerrung vor allem darauf zurückzuführen, dass Konsumenten einem Versicherungs-, einem Taxameter- und einem Überschätzungseffekt unterliegen.

Was ist das Fazit? Ganz am Anfang heute Morgen sind wir damit gestartet, dass es im Internet bequem sein muss. Pauschaltarife sind bequem. Konsumenten präferieren sie offensichtlich sehr gern. Und die gute Nachricht für Internet Service Provider ist vor allem auch noch, dass sie damit mehr Geld verdienen können als mit vergleichbaren Pay-per-Use Tarifen.

5.3 Freier Zugang zu Informationen auch im Breitband-Netz?

Ossi Urchs
F.F.T. Medien Agentur, Offenbach

Zu der mir als Thema gestellten Eingangsfrage, fiel mir spontan erst einmal die Gegenfrage ein: War der Zugang zu Informationen im Internet, seit den Anfängen des Arpa-Net, jemals frei? Kostenlos war er jedenfalls nicht. Ob der Nutzer diese Kosten selbst zu tragen hatte, wie beim Zugang über eine Telefonleitung ist eine andere Frage. Und unbehindert war er erst recht nicht, wie die Blauen Schleifen der „Free Speech Online" Bewegung auf zahlreichen Websites Ende der 9oer Jahre belegen. Dennoch:

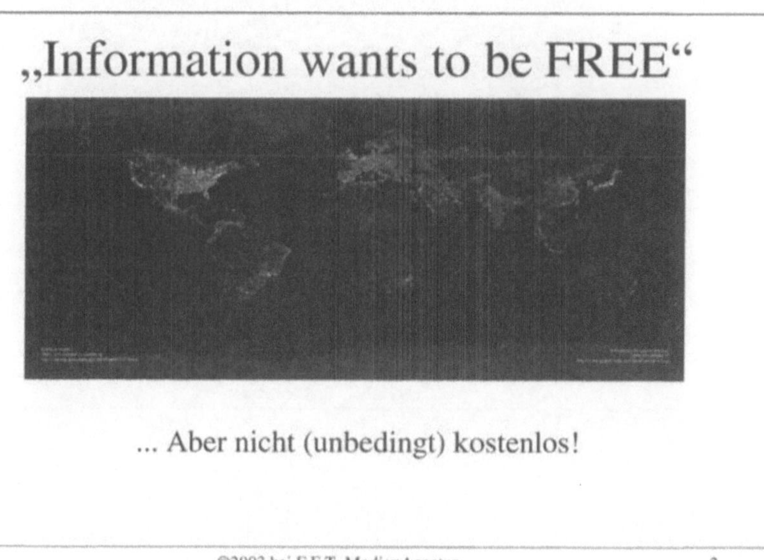

Bild 1

„Information wants to be free" – war ein ebenso eingängiger wie populärerer Slogan (Bild 1); kaum ein anderer hat aber so viele Missverständnisse hervorgerufen wie dieser 10 Jahre alte Hacker-Spruch in Sachen Internet. Gemeint war damit immer der ungehinderte, nicht aber der kostenlose Zugang zu Informationen.

Und auch die Internet-Nutzer sehen das heute so, wie alle aktuellen Erhebungen (GfK, W3B, @Facts) belegen: 50% der Internet-Nutzer sind grundsätzlich bereit, für Inhalte und Services im Internet auch etwas zu zahlen. Und diese Bereitschaft

Vernetzung = Utility

„USP" = Service (- Qualität)

z. B. der „iTunes Music Store"

gesamten PC-Markt haben, sind ein eindrucksvolles Ergebnis, das alle Erwartungen übertraf.

Apples iTunes Kunden zahlen, trotz Kaazaa und Gnutella, eben, für bessere Klang-Qualität, kürzere Downloads und nicht zuletzt, weil sie hier sicher sein können, dass die Datei auch enthält, was sie bestellt haben. Tim O'Rilley sieht darin ein Vorbild für das Geschäftsmodell jeder zukünftigen Software: „Net-Centric" bedeutet, dass eine Software ihre Funktionalität und damit auch ihren Wert erst durch die Vernetzung erhält, die damit wiederum zum wesentlichen Element der Wertschöpfung wird, wesentlicher als der Preis der Software selbst. Darüber hinaus belegt Apples Erfolg auch, dass es den Nutzern im Allgemeinen nicht um das „Aushebeln" des Urheberrechts im Musikmarkt geht – in einer digitalen Umgebung von „Copyright" zu reden, verbietet sich von selbst, da es dort eben keine vom Original unterscheidbare Kopie, sondern allenfalls „Klone" gibt, sondern um etwas, das man in den USA als „Fair Use" bezeichnet – um eine nicht-restriktive Nutzung der gekauften Musik mithin: so lassen sich die im iTunes-Store gekauften Stücke auf andere PCs und mobile MP3-Player kopieren und sogar auf Musik-CDs brennen.

Bild 3

Die Zahlungsbereitschaft der Nutzer, so steht zu erwarten, verringert sich mit dem breitbandigen Zugang zu solchen Angeboten also auch nicht. Sie nimmt eher noch zu, weil das Medium „Web" mit der Breitbandigkeit sein Gesicht grundsätzlich verändert. Die alte „Seiten-Metapher des Webs wird durch eine neue „Channel"-Metapher des Breitband-Internets abgelöst, dessen Inhalte als Stream, Download oder als

Thema einer Multi-User-Plattform (Spiele, Flirts etc.) angeboten werden (Bild 3). Die Inhalte erscheinen dem Nutzer dynamisch, also auch flüchtig. Wer sie nutzen will, will und kann auch nicht lang überlegen. Impulskäufe werden ein wichtiger Faktor sein: sie müssen besonders einfach und schnell, aber auch transparent für den Kunden funktionieren.

Und das wird sich wiederum auf die Chancen der unterschiedlichen Abrechnungs- und Pricing-Modelle auswirken (Bild 4):

Abrechnungsmodelle

- Pay per Download

- Pay per Use

- Pay per Time

- Abonnement ???

©2003 bei F.F.T. MedienAgentur   7

Bild 4

- Download – wird zum „Königsweg" für alle hochwertigen Inhalte, die ich „besitzen" möchte
- Pay per Use – wird bei Spielen, evtl. auch Filmen und z. B. bei Spezial-Software Chancen haben
- Pay per Time – wird bei Events und allen „Streams" eine Rolle spielen
- Abonnements, von den Anbietern allgemein präferiert, sehe ich als höchst problematisch, da sie weder Impulsverhalten, noch Transparenz und Kostenbewusstsein bedienen. Gerade im Internet wollen die Nutzer wissen, wofür sie bezahlen, umso genauer je flüchtiger die Inhalte sich darstellen. Das belegen alle Erfahrungen mit abonnementsbasierten Diensten zum Musik-Download.

Welche Abrechnungsmodelle und v. a. welche Inhalts-Angebote sich erfolgreich durchsetzen werden, wird der Markt entscheiden. Wesentliche Indikatoren belegen heute schon die Richtung dieser Entscheidung (Bild 5):

Angebote und Erfolgsaussichten:

- Aktuelle Nachrichten

- Business Informationen

- Entertainment (Musik, Video)

- Gambling und Erotik

- Multi-User-Interaktion (Games, Chats)

©2003 bei F.F.T. MedienAgentur   5

Bild 5

- Aktuelle Nachrichten werden schwer zu bepreisen bleiben, da sie überall frei verfügbar sind; erst spezielle Services, wie die Suche nach allen Inhalten zu einem nutzer-definerten Thema, kommen als Pay per Use in Frage
- Geschäfts-Infos sind ein Sonderfall, da sie in der Regel sich wiederholende Themen behandeln: Pay per Use oder sogar Abonnements von Markt- und Wettbewerbs-Informationen kommen in Frage
- Entertainment in Form von Musik und Videos lassen sich als Pay per Download oder Pay per Use (bei Streams) vermarkten
- Gambling/Erotik: die größten Chancen haben hier Pay per Use und/oder Pay per Time Modelle, vorausgesetzt sie lassen eine schnelle und einfache (Impulsverhalten!) und anonymisierbare Zahlung zu, etwa über ein am Markt bekanntes und verbreitetes, seriöses Online-Zahlungs-System
- Multi-User-Interaktion: ein klarer Fall: Pay per Time.

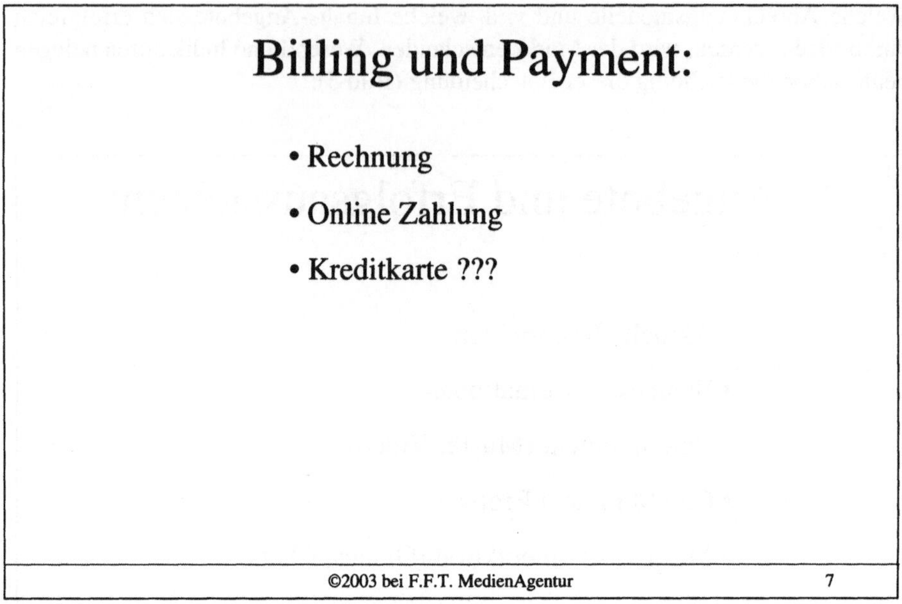

Billing und Payment:

• Rechnung

• Online Zahlung

• Kreditkarte ???

©2003 bei F.F.T. MedienAgentur   7

Bild 6

Die Erfolgsaussichten der unterschiedlichen, in diesem Zusammenhang in Frage kommenden Payment-Verfahren hängen nicht nur von der Höhe der eigentlichen Transaktion, sondern entscheidend auch von der erwähnten „Flüchtigkeit" des Angebots ab, also der Möglichkeit, etwas „Nebenbei" zu bezahlen (Bild 6).

Am elegantesten lässt sich dies durch die Verknüpfung der Transaktion mit einer Regelrechnung, etwa der TK-Rechnung eines Haushaltes lösen: ein Mausklick genügt hier wirklich.

Online-Zahlung bietet den gleichen Vorteil, wenn das System eine „kritische Masse" erreicht, in genügend Shops auf genügend Plattformen sichtbar akzeptiert wird: Beispiele wie Firstgate und T-Pay zeigen einen gangbaren Weg.

Beide Systeme haben aus der Kundensicht den zusätzlichen Vorteil, dass sie die Anonymität des Kunden gegenüber dem Verkäufer und Dritten bewahren. Außerdem erfolgt die Transaktion selbst nicht in unmittelbarem Zusammenhang mit dem Online-Kauf: Kundendaten und Zahlung sind also sicher und bleiben geschützt.

Die Kreditkarte ist nicht nur wg. der typischen Transaktionshöhe bei Paid Content Angeboten (kleiner € 10,–) problematisch, sondern auch weil dieses Zahlungsmittel in Deutschland weniger verbreitet ist als die Internet-Nutzung. Anonymität und Sicherheit der Zahlung bleiben zumindest zweifelhaft, insbesondere wenn der Kunde den Verkäufer nicht kennt.

Bild 7

Unabhängig davon wird es gesellschaftspolitisch darauf ankommen, das Verfassungsprinzip der „informationellen Selbstbestimmung" auch im Internet durchzusetzen. Und zwar durchaus im Zusammenhang und in Abwägung mit den Urheberrechten einerseits und einem noch zu definierenden Recht der Nutzer auf „Fair Use" andererseits (Bild 7).

Eine dem entsprechende „Informations-Grundversorgung" könnte nicht nur nach dem Vorbild des öffentlich-rechtlichen Rundfunks geregelt und sichergestellt werden, es wäre auch eine lohnende Aufgabe für ARD und ZDF: Und eine sinnvollere Verwendung der Rundfunk-Gebühren als digitale TV-Experimente á la „Eins MuXX" und „Theaterkanal", die weitgehend unter Ausschluss der Öffentlichkeit stattfinden. Ganz nebenbei würde dies dem eingangs zitierten Hacker-Slogan eine völlig neue Bedeutung verleihen: Information wants to be free (and public)!

5.4 Breitband als Wirtschaftsfaktor

Stefan Doeblin
network economy S.A., Brüssel

Das Thema Breitband durchzieht sich zumindest bei meinem Leben als auch beim
Münchner Kreis seit langer Zeit. Ich kann mich noch sehr gut erinnern an einen
phantastischen Vortrag von dem Chef von British Telecom R&D, der hier damals
noch im EPA eine Show gemacht hat über Ideen, was BT alles forscht, und da spielte
Breitband eine große Rolle. Seine Kinder, so seine These, sind eigentlich an einem
100 Megabit Anschluss interessiert sind, und zwar in Kürze. Und das ist für mich
auch das Thema. Wo wir herkommen wird Breitband oft mit DSL identifiziert. Das
ist aus meiner Sicht eher ein bisschen schmalbandig, obwohl ich sehr glücklich bin,
dass es das gibt und ich bin auch sicherlich ein großer Nutzer dessen.

Bild 1

Wir selber kommen im Geschäftlichen seit Jahren eher von der Infrastrukturseite,
d.h. wir haben früher einmal in sog. Glasfaser-Access-Carrier investiert (Bild 1).
Wir haben unser simples Modell im August 2000 verkauft und sind heute im

Rahmen der EU an einem neuen Konzept, was wir jetzt versuchen, ein bisschen nach vorn zu bringen und auch zu implementieren.

Wir sind überzeugt, dass es in der Tat einen Bedarf nach breitbandigem Netzzugang gibt, und dazu gibt es aus unserer Sicht eine ganze Menge Indizien. Ich fand das toll, dass wir heute hier im Münchner Kreis auch international vertreten waren durch Repräsentanten aus Südkorea und den USA. Ich selbst war mit dem Münchner Kreis in Japan und alle Indizien laufen dahin hinaus, dass es einen Push geben wird. Wie schnell ist natürlich immer die Frage. Durch diese ganze Veränderung in der Gesellschaft organisatorisch – man ist mehr verteilt, man ist mehr mobil, und Firmenstrukturen und Ausbildungsstrukturen sind nicht mehr wie vor 10 Jahren. Da gibt es m.E. große Veränderungen, die mehr Kommunikation bedürfen und vor allen Dingen auch in einer ausreichenden Qualität.

Da sehen wir einmal im Home Markt wie auch im Business und Government Bereich eine zunehmende Nachfrage, und zwar nach sehr großen Bandbreiten.

Das zweite ist – vor kurzem hat der Chef von Intel einmal zitiert – „radio and fibre are the most important infrastructure factors". Das sehen wir genau so. Es ist ein bisschen simpel. Natürlich gibt es jede Menge dazwischen wie Coax Kabel und Powerline; wir haben das alles heute durchdiskutiert. Wir sehen in den beiden Elementen Radio and Fibre einfach bestimmte Ergänzungsprofile, die sich da herauskristallisieren, nämlich Funk als Easy Access und Mobility und Fibre als das, was dazwischen irgendwo ist, und auch zu Hause eine Rolle spielen wird.

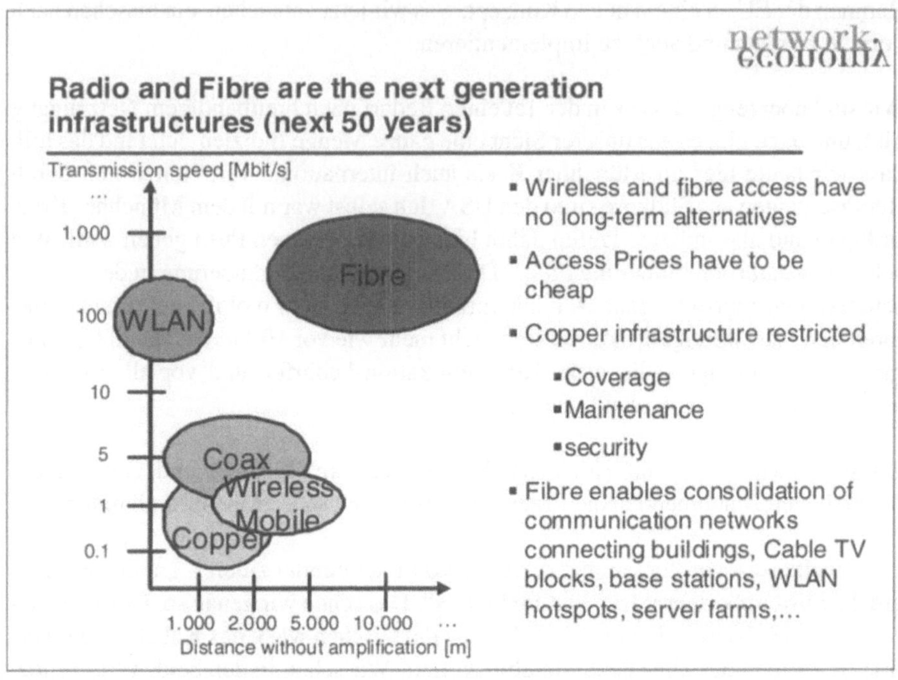

Bild 2

Auf dieser Folie sehen Sie ein paar Punkte, wie wir das einordnen (Bild 2). Sie sehen sowohl Speed als auch Distance, was aus unserer Sicht eins sehr gutes Ergänzungspotenzial ist und die wir voranbringen müssen.

Die Frage ist: Wie bringt man das voran? Im Wireless-Bereich gibt es die ersten Mobilfunkoperator bis hin zu den Fix-Netz Betreibern, die heute in den Wireless-LAN-Bereich gehen, also eine Mischung aus Aktivitäten. Im Fibre-Bereich haben wir heute auch die EWE TEL gehört, die dort auch sehr engagiert ist, aber zum Beispiel die Frage gestellt haben: wie bekomme ich das auf ein Preisniveau, dass Glasfaserzugang wettbewerbsfähig ist? Das ist etwas, womit wir uns beschäftigen.

In der EU und auch in den verschiedenen nationalen Programmen gibt es sehr unterschiedliche Thesen. Die einen sagen, die Applikationen müssen da sein, dann kommt die Infrastruktur automatisch. Die anderen sagen, die Infrastruktur ist notwendig, damit Applikationen generiert werden. Also Henne und Ei Prinzip. Wir sind eher der Meinung, dass die Infrastruktur ein sehr entscheidendes Element darstellt, und es ist sehr schwierig, abstrakte Applikationen auszudenken, die wunderbar laufen würden, wenn man 100 Megabit hat, aber dummerweise hat man nur 100 Kilobit. Insofern setzen wir momentan eher unsere Konzentration darauf, wie man die Infrastruktur schafft. Aber es gibt genug andere Unternehmen, die sich eher auf die Applikationen spezialisieren. Wir haben das auch bei T-Online gesehen. Diese Arbeitsteilung macht einfach eine ganze Menge Sinn.

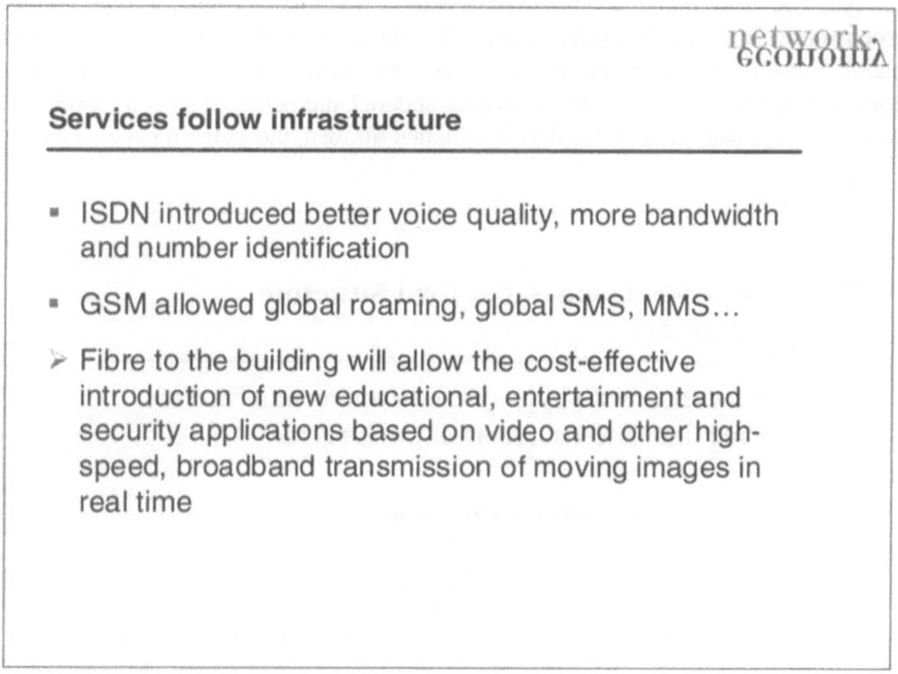

Bild 3

Im Fibrebereich wie im Radiobereich ist es nur interessant, im Access Zugang zu bekommen, wenn dieser Zugang bezahlbar ist in einem Rahmen, der vergleichbar ist mit DSL (Bild 3). Kein Mensch würde heute für einen 100 Megabit-Zugang plötzlich 100 x soviel Geld ausgeben wie für 1 Megabit. Das muss irgendwo im Rahmen bleiben. Wir haben uns darüber Gedanken gemacht und überlegt, wie sich das verändert hat. Früher war es überhaupt kein Problem, Infrastrukturen seitens der Telekomanbieter zu finanzieren. Das ist heute ziemlich anders. Wir haben bei UMTS erlebt, dass es erste Vereinbarungen gibt, um Basisstationen zwischen Wettbewerbern zu teilen bzw. Infrastrukturanlagen gemeinsam zu nutzen, um sich eher über Dienste, Wettbewerb usw. zu differenzieren. Im Festnetz Bereich versucht man heute, maximal aus dem Kupfernetz etwas herauszuholen, obwohl – und da stimmen wir der Euphorie nicht ganz zu – es wird wahrscheinlich sehr wichtig sein, sich heute sehr viel Gedanken zu machen über die Infrastruktur der nächsten 50 Jahre. Das ist sicherlich nicht Kupfer, wobei Kupfer irgendwo da ist und immer eine Rolle spielen wird. Um Glasfaser im Ortsnetz und Hausanschluss wird man auf Dauer nicht herumkommen.

Deswegen haben wir uns finanziell – und wir haben uns mit einem Infrastrukturfond zusammengetan – Gedanken gemacht, wie man das anders konstruieren kann.

Einmal, wie bekommt man die Kosten runter? Da glauben wir an eine simple arbeitsteilige Idee, nämlich Infrastruktur ist nicht mehr die Aufgabe eines Telekommunikationsdienstebetreibers, sondern die von Infrastrukturgesellschaften. Das können z.B. Versorgungsunternehmen oder andere Unternehmen sein; eine ähnliche Arbeitsteilung wie im Verkehr: die einen bauen Straßen, die anderen bauen Autos.

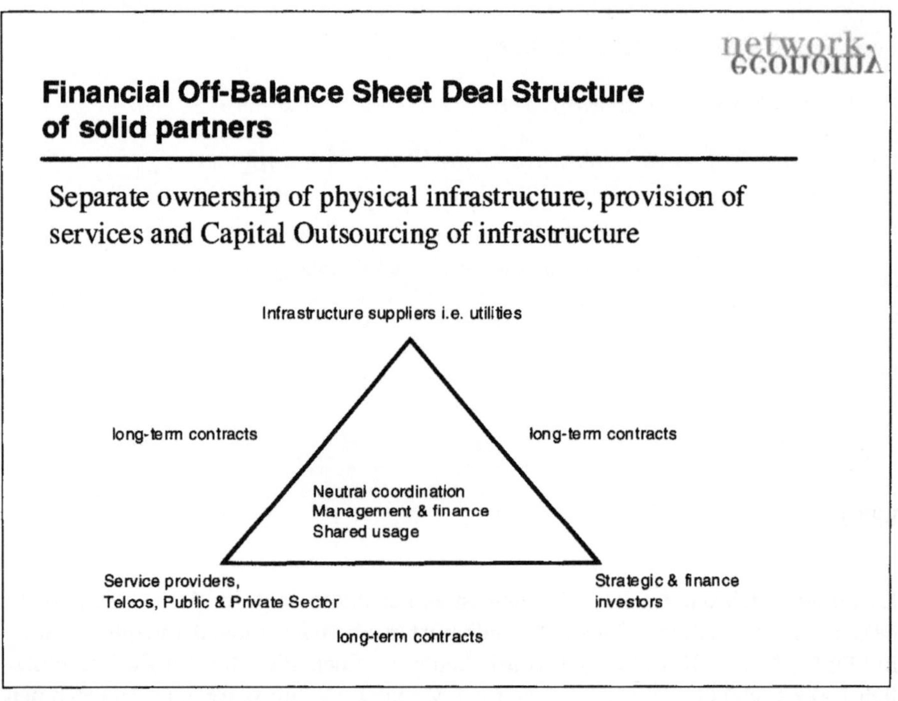

Bild 4

Das zweite ist die Finanzierung (Bild 4). Heute über die Börse zu gehen, ist nicht mehr so einfach, weil die Börse heute viel stärker auf Cashflow, auf kurzfristige Finanzierung und Rückflüsse bei Telekommunikationsunternehmen aus ist. Infrastrukturmassnahmen dagegen müssen in der Regel langfristig finanziert werden. Deswegen fanden wir unser Modell eines Off Balance-Sheet Finanzrahmens ganz sinnvoll, nämlich zu sagen: es gibt einen Kunden, es gibt einen Supplier, die sich irgendwo in der Mitte treffen, aber nicht direkt, sondern über ein neutrales Vehikel. In A steckt dabei Finanzkapital und auch die Bilanz kann belastet werden. In B geschieht die Vermarktung von Infrastruktur auch neutral. An solch einem Konzept arbeiten wir, für verschiedene europäische Länder. Wir hoffen, dass wir das im Jahre 2004 auch anfangen können zu realisieren.

Anhang

**Liste der Referenten, Moderatoren und Panelteilnehmer /
List of Speakers, Chairmen and Panel Participants**

Albert Aukes

Leiter des Zentralbereichs Innovation
Deutsche Telekom AG
Friedrich-Ebert-Allee 140
53113 Bonn

Dr.-Ing. Günter Braun

Siemens AG
ICN EN SPC IM
Hofmannstr. 51
81359 München

Dr. Franz Büllingen

WIK GmbH
Rhöndorfer Str. 68
53604 Bad Honnef

Dr. Youngmin Chin

Assistant Vice President
Korea Telecom
17 Woomyeon-dong, Seocho-gu
KR - Seoul, Korea

Chris Deering

President
Sony Computer Entertainment
Europe Ltd.
30 Golden Square
GB-London W1F 9 LU

Stefan Doeblin

Chairman
network economy S.A.
Rue Berckmans 109
B-1060 Brüssel

Joachim Döring

Siemens AG
ICN GS
Hofmannstr. 51
81359 München

Prof. Dr.-Ing. Jörg Eberspächer

Technische Universität München
Lehrstuhl für Kommunikationsnetze
Arcisstr. 21
80290 München

Burkhard Graßmann

Mitglied des Vorstandes
T-Online International AG
Waldstr. 3
64331 Weiterstadt

Manfred Hamel

EWE TEL
Cloppenburger Str. 310
26133 Oldenburg

Prof. Dr. Thomas Hess

Universität München
Institut für Wirtschaftsinformatik
und Medien
Ludwigstr. 28
80539 München

Dr. Constantin Lange

Geschäftsführer
RTL Newmedia GmbH
Am Coloneum 1
50828 Köln

Dr. rer. nat. Norbert Lenge

Geschäftsführer
Bosch Breitbandnetze GmbH
Bismarckstr. 71
10627 Berlin

Dr. Alwin Mahler

Vice President Strategy
Telefónica Deutschland GmbH
Landshuter Allee 8
80637 München

Johannes Mohn

Executive Vice President
Bertelsmann AG
Media Technology Group
Carl-Bertelsmann-Str. 270
33311 Gütersloh

Prof. Eli M. Noam

Director Finance and Economics
Columbia Institute of Tele-Informatics
Uris Hall, I - A
USA-New York, N.Y. 10027

Prof. Dr. Dres. h.c. Arnold Picot

Universität München
Institut für Information, Organisation
und Management
Ludwigstr. 28
80539 München

Dr. Beat Perny

Swisscom AG
Innovations
Ostermundigenstr. 93
CH-3050 Bern

Dr. Hans-Peter Quadt

Deutsche Telekom AG
Zentrale INM-1
Friedrich-Ebert-Allee 140
53113 Bonn

Prof. Dr. Gert Siegle

Bosch Management Support GmbH
privat:
Am Wildgatter 30
31139 Hildesheim

Prof. Dr. Bernd Skiera

Universität Frankfurt
Lehrstuhl für Electronic Commerce
FB Wirtschaftswissenschaften
Mertonstr. 17
60054 Frankfurt/M.

Ossi Urchs

F.F.T. Medien Agentur
Starkenburgring 6
63069 Offenbach

Alf Henryk Wulf

Mitglied des Vorstandes
Alcatel SEL AG
Lorenzstr. 10
70435 Stuttgart

Programmausschuss / Program Committee

Dorothee Belz

Media Consult
Laplacestr. 1
81679 München

Dr. Dietrich Boettle

Alcatel SEL AG
ZFZ/A
Lorenzstr. 10
70435 Stuttgart

Dr.-Ing. Günter Braun

Siemens AG
ICN EN SPC IM
Hofmannstr. 51
81359 München

Dr. Franz Büllingen

WIK GmbH
Rhöndorfer Str. 68
53604 Bad Honnef

Stefan Doeblin

Chairman
network economy S.A.
Rue Berckmans 109
B-1060 Brüssel

Prof. Dr.-Ing. Jörg Eberspächer

Technische Universität München
LS für Kommunikationsnetze
Arcisstr. 21
80290 München

Stefan Holtel

Vodafone Pilotentwicklung GmbH
Chiemgaustr. 116
81549 München

Dr.Johannes Hummel

Huttenstr. 10
CH-8006 Zürich

Dr. Wolfgang Kubink

Deutsche Telekom AG
Zentrale
Friedrich-Ebert-Allee 140
53113 Bonn

Dr. Alwin Mahler

Telefónica Deutschland GmbH
Vice President Strategy
Landshuter Allee 8
80637 München

Prof. Dr. Jürgen Müller

Fachhochschule für Wirtschaft Berlin
(FHW)
Badensche Str. 50/51
10825 Berlin

Prof. Dr.-Ing. Frank Müller-Römer

MedienBeratung München (MBM)
Tannenstr. 26
85579 Neubiberg

Wilhelm F. Neuhäuser

IBM Deutschland Entwicklung GmbH
Web Sphere Solutions and Services
Schönaicher Str. 220
71032 Böblingen

Dr. Karl-Heinz Neumann

WIK GmbH
Rhöndorfer Str. 68
53604 Bad Honnef

Ludwig Paßen

AMB Generali Informatik
Services GmbH
Anton-Kurze-Allee 16
52074 Aachen

Prof. Dr. Dres. h.c. Arnold Picot

Universität München
Institut für Information, Organisation
und Managment
Ludwigstr. 28
80539 München

Dirk Poppen

KPN Mobile
i-mode Office
Wilhelmina van Pruisenweg 52
NL2595 AN Den Haag

Dr. Hans-Peter Quadt

Deutsche Telekom AG
Zentrale INM-1
Friedrich-Ebert-Allee 140
53113 Bonn

Dr. Roland Raschke

Fujitsu Laboratories of Europe
Rheinstraße 75
64295 Darmstadt

Dr. Wolf v. Reden

Fraunhofer Institut f. Nachrichten-
technik HHI
Einsteinufer 37a
10587 Berlin

Prof. Dr. Dr. h.c. Ralf Reichwald

Technische Universität München
Fakultät f. Wirtschaftswissenschaften
Leopoldstr. 139
80804 München

Thomas Sichert

IABG mbH
Telekommunikation
Einsteinstr. 20
85521 Ottobrunn

Prof. Dr. Gert Siegle

Bosch Management Support GmbH
privat:
Am Wildgatter 30
31139 Hildesheim

Prof. Dr.-Ing. Joachim Speidel

Universität Stuttgart
Institut für Nachrichtenübertragung
Pfaffenwaldring 47
70569 Stuttgart

Dr.-Ing. Rainer Tollmann

Siemens AG
ICN VTA
Hofmanstr. 51
81379 München

Dr. Erich Zielinski

Alcatel SEL AG
Holderäckerstr. 35
70499 Stuttgart